NEW WCDP 新文京開發出版股份有限公司

新世紀 · 新視野 · 新文京 — 精選教科書 · 考試用書 · 專業參考書

New Wun Ching Developmental Publishing Co., Ltd.

New Age · New Choice · The Best Selected Educational Publications — NEW WCDP

危害物質管理

6th Edition

MANAGEMENT OF HAZARDOUS SUBSTANCES

六版序

職場中之意外事故，有極大比例來自化學性危害，由於危害化學物的運作過程中，極易因人為疏失、管理不當或防護措施失效，而導致危害物之漏洩，逐而產生火災、爆炸等之工安意外或對人體健康造成急、慢性傷害等職衛問題，顯見防止意外事故發生之重要前題，是做好危害物質管理，尤其危害物質管理是歷年甲安衛考試出題之重點之一，值得讀者注意。

危害物質管理涉及範圍很廣，限於篇幅，本書僅就危害物質之特性、相關法規之規範、防範措施、實務管理、危害分析技術及健康風險評估等加以討論，盼能提供讀者對危害物質管理有更深之認識。本書第一章應用歷年發生之意外事故，強調危害物質管理之重要性，同時於本次改版新增「危害性化學品評估及分級管理辦法」法規說明；第二章介紹「危害性化學品標示及通識規則」，主要內容包括危害物特性及標示；第三章依序說明安全資料表 16 項內容；第四章討論有害物之健康風險評估；第五章則詳述如何進行危害物辨識評估及管理；第六、七、八章分別介紹「毒性物質管理法」、「特化物質危害預防標準」及「有機溶劑中毒預防規則」藉以了解該等法規對於危害物質管理措施及相關規定，最後於第九章特別對危險性工作場所所要求之製程安全評估等方法逐一討論，並略述製程危害風險評估方法，盼能提供讀者風險評估之概念，此外每章末皆附有相關檢定考試試題，並於附錄增加最新 110 年 3 月的乙級職業安全衛生管理人員術科題解供為練習之用，以期熟能生巧。

職業安全衛生工作不僅重在物質、環境、設備的管理，更重要的是人為疏忽的防範，亦即人的觀念、習慣及情緒管理皆會影響安全衛生工作的成效，與職災之降低有相當密切之關係。有鑑於此，本書特於每章之後，附上一些心靈小語或故事，盼對讀者之 EQ 能有提醒、啟發及省思之空間，創造更和諧美麗的人生。

本書雖已盡力改正校對，然匆促付梓，疏漏之處，仍在所難免，望期諸賢達先進繼續不吝指正是幸。

陳淨修 謹識

編者簡介

陳淨修

學歷 ››

國立中央大學大氣物理研究所碩士、博士

經歷 ››

嘉南藥理大學職業安全衛生系 專任副教授

行政院環境保護署綜合計畫處、空保處 技正

專長 ››

氣象、環境保護、職業安全衛生法規及管理

現職 ››

嘉南藥理大學職業安全衛生系 兼任副教授

著作 ››

《物理性作業環境監測》、《化學性作業環境監測》、《危害物質管理》、《職業衛生技師歷年經典題庫總彙》、《工業安全技師歷年經典題庫總彙》、《生命教育》

目錄

掃瞄 QR Code 即可下載 101~104 年
乙級勞工／職業安全衛生管理員術科試題

>> 第一章

危害物質管理之重要性

1.1 臺灣地區歷年化災事故分析

1.2 危害性化學品評估及分級管理辦法

1.1 臺灣地區歷年化災事故分析

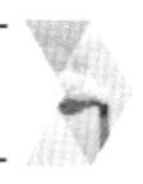

危害物質（危險物及有害物）在各場所中的動作（製造、使用、貯存、運送、處理、處置）過程中，常因各作業系統之硬體（設備、設施、器具等）或軟體（人為因素、管理不當等）而產生危害，造成員工身體健康受到不良影響之工衛問題或導致重大財產損失之工安事件。環保署曾應用臺灣地區過去 10 年(1980~1990)所發生之 357 件事故加以分析，結果如下：

一、災害類型的分布

以 357 件事故案例分類成四種災害類型：(1)火災；(2)爆炸；(3)洩漏；(4)其他（包括：脫落、破裂、停電等）。結果如圖 1.1 所示，爆炸事件 144 件占 40.3%最多；洩漏事件 117 件占 32.8%；火災事件 80 件占 22.4%，其他類型 16 件占 4.5%。

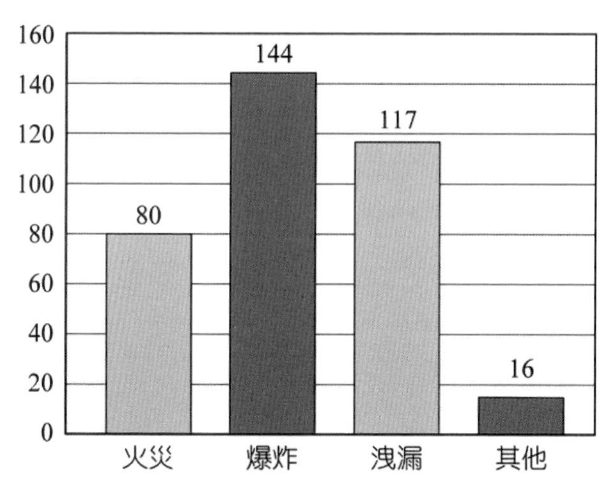

▲圖 1.1　臺灣地區近年化學災害事件類型

二、化學災害的工業類別

各類化學工業因所使用的原料產品不同，或生產操作的製程不同，發生的事故之頻率亦有不同，357 件化學災害分別屬於下列 14 種工業：

1. 石油化學工業。
2. 爆竹工業。
3. 石油煉製業。
4. 氣體燃料業。
5. 工業觸媒及添加劑工業。
6. 工業用氣體工業。
7. 塗料油漆工業。
8. 無機酸工業。
9. 農藥工業。
10. 油脂工業。
11. 鹼類工業。
12. 染料顏料工業。
13. 化學肥料工業。
14. 其他工業。

圖 1.2 中的統計值若不計爆竹類工業及其他項，則各項化學工業之災害頻率依次為：

1. 石油化學工業 81 件，27.9%。
2. 石油煉製業 18 件，6.2%。

3. 氣體燃料業 16 件，5.5%。

4. 觸媒及添加劑工業 15 件，5.2%。

5. 工業用氣體工業 13 件，5.5%。

6. 塗料油漆工業 13 件，4.5%。

7. 化學肥料工業 13 件，4.5%。

8. 無機酸工業 9 件，3.1%。

9. 農藥工業 6 件，2.1%。

10. 油脂工業 5 件，1.7 %。

11. 鹼類工業 4 件，1%。

12. 染料顏料工業 3 件，1%。

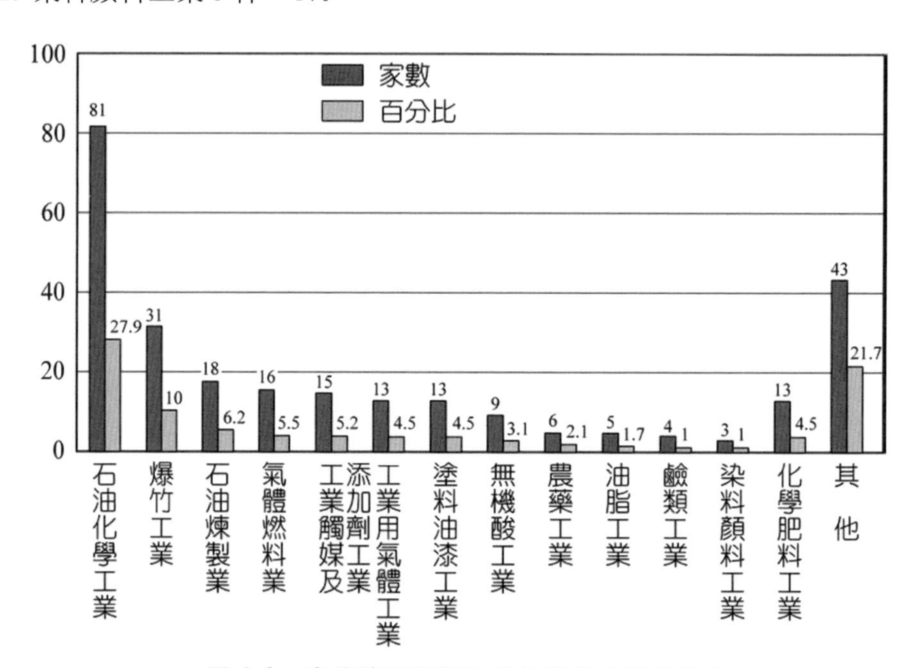

▲圖 1.2　臺灣地區各類工業化學災害事件統計

三、化學災害之化學物質種類

造成 357 件化學災害事件的化學物質從可燃性，爆炸性到毒性等，共計超過 70 種，統計資料見表 1.1。其中發生最多的是瓦斯、油品等意外事故，此類物質並非本身具有高危害性，主要乃因其使用頻率高之故。對於具有毒性之物質造成高比率意外事件者以氨 20 件、氯氣 11 件最多。

表 1.1　引起化學災害之化學物質一覽表

發生物質	件數	發生物質	件數	發生物質	件數
瓦斯	28	二氯乙烷	1	二氨基乙二胺	1
油品	25	二氯乙烯	1	丙烯酸丁酯	1
火藥	25	對苯二甲酸	1	辛酯	1
氨	20	二異氰酸甲苯	1	大滅松	1
鹽酸	15	氟化鉀	1	二甲基醯胺	1
氯	11	乙二醇	1	羥胺	1
乙炔	8	氯化甲烷	1	氧氣	1
有機過氧化物	7	氫氯化鉀	1	聚乙烯醇	1
甲苯	7	熱媒	1	丙烯	1
苯乙烯	6	胺類化合物	1	雙氧水	1
一氧化碳	6	氯酸鈉	1	酚	1
冷媒	4	二氧化鈦	1	硫磺土	1
乙醇	4	異氰酸甲酯	1	二甲基乙醯胺	1
甲醇	4	氯化鋇	1	碳氫化物	1
硫酸	4	廢氣	1	氰化鈉	1
丙烯	1	矽酸鈉	1	硫化物	1
異丙烯	1	五氯硝基苯	1	三內醯胺	1
對二甲苯	1	四氯化碳	1	抗臭氧化劑	1
鉻酸	1	氮氧化物	1	過氧化丁酮	1
甲烷	1	樹脂	1	異丁烷	2
丙烷	2	丙酮	2	石油醚	2

表 1.1 引起化學災害之化學物質一覽表（續）

發生物質	件數	發生物質	件數	發生物質	件數
二氯甲烷	2	甲基乙基酮	2	丙烯酸甲酯	3
油漆	2	丁二烯	2	正己烷	3
苯	2	松香水	2	硫化氫	3
氯酸鉀	2	二甲苯	2	氯乙烯	3
氫氯	3	硫氧化物	3		

四、災害原因

災害原因按人為因素、設備因素及環境因素區分，統計結果如圖 1.3。其中以人為因素造成的意外事件數最多占 55%，其次為環境因素占 24%，設備因素占 19%。人為因素比例過高乃因操作人員未遵守操作程序、訓練不足及對物料的安全理念不足所致。對人為因素統計再分析，可見大部分的人為疏失都來自安全衛生管理缺失及對安全工作檢查的草率所致，分析結果見圖 1.4。

五、運作狀況分析

將意外事件發生時的運作狀態區分為生產製造、貯存、運輸、維修保養及其他等五項，分析爆炸、火災、洩漏等意外事件類型在各種運作狀態下意外事故之發生情形。分析結果如表 1.2 所示。其中各類型災害以爆炸事件最多，占 144 件，各種運作狀態則以生產製造發生最多意外事件，占 134 件。

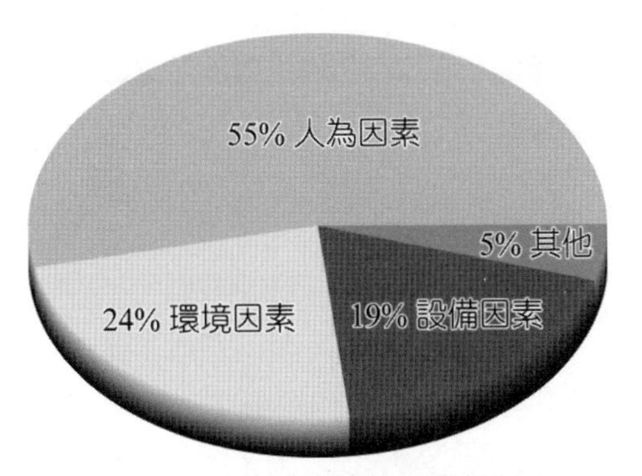

▲圖 1.3　臺灣地區化學災害事故原因

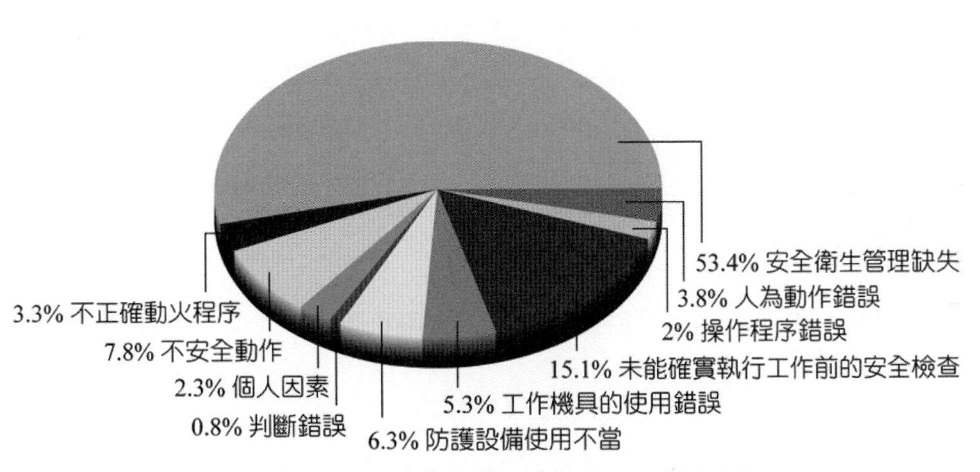

▲圖 1.4　臺灣地區化學災害事故人為因素分類

表 1.2 依災害類型及運作狀態引起化學災害事件統計表

化學災害發生件數 運作狀態 ＼ 災害類型	爆炸	火災	洩漏	其他	總計
生產製造	63	27	38	6	134
貯存	21	16	20	1	58
運輸	12	6	18	1	37
維修保養	22	14	19	7	62
其他	26	17	22	1	66
總計	144	80	117	16	357

從上述之分析，可見危害物質管理對於意外事故防範的重要性，茲將結果歸納如下：

1. 爆炸及洩漏為工廠意外事故發生之主要災害類型，如何加強對危害物質進行防漏防火應為工廠安全衛生管理之重點，尤其是石油化學工業。
2. 造成意外事故之化學物質皆具有可燃性、爆炸性、毒性，其中以瓦斯及油品最常導致意外事故，氯氣及氨氣亦值得注意，顯示危害物質有效管理實為防災第一步。
3. 意外事故發生原因，人為因素居多，其中以安全衛生管理缺失及對安全工作檢查的不確實為主因。

人類科技的進步與創新，確能帶給人類無限的福祉，但相對亦衍生許多未知的風險。由於化學工業製程複雜、精密，使用之化學物質又大都屬危害物質，如未有完整安全衛生管理及設備防災技術等軟硬體措施，可能使其帶來之經濟效益大打折扣。

從過去工安災害實例分析，可知事故之發生有極大比例皆與人員的工安觀念及習慣有關，亦即所謂不正確之觀念及行為。因此管理者如何在人的觀念上加以導正，使防災成為一種習慣，進而成為一種安全文化（組織內的每一個成員對安全的重視有相同的共識及態度）更是顯得相當重要。下列三點工安觀念，盼事業單位能落實於教育訓練中：

1. 工安需團隊運作，由於工廠複雜、分工很細，以致任何一個人無法知道所有危害，複雜的設備需透過一熟練的團隊作詳細且有系統的檢討。
2. 事故災害責任之追究不應於災害之後，寧於事前全力預防，根據過去經驗，那些不記取過去教訓的人很容易重蹈覆轍。
3. 意外事故發生並非因知識的缺乏，而是未能正確使用知識加以落實。

1.2 危害性化學品評估及分級管理辦法

依《職業安全衛生法》第 11 條第 1 項規定，雇主應依危害性化學品健康危害、散布狀況及使用量等情形，評估化學品風險等級並採取分級管理措施，以減少工作者暴露危害之風險，因此才有危害性化學品評估及分級管理辦法之訂定，其內容介紹如後：

一、本辦法用詞，定義如下：

(一) 暴露評估：指以定性、半定量或定量之方法，評量或估算勞工暴露於化學品之健康危害情形。

(二) 分級管理：指依化學品健康危害及暴露評估結果評定風險等級，並分級採取對應之控制或管理措施。

二、 雇主使勞工製造、處置或使用之化學品，符合國家標準 CNS15030 化學品分類，具有健康危害者，應評估其危害及暴露程度，劃分風險等級，並採取對應之分級管理措施。

三、 化學品定有容許暴露標準，而事業單位從事特別危害健康作業之勞工人數在一百人以上，或總勞工人數五百人以上者，雇主應依有科學根據之採樣分析方法或運用定量推估模式，實施暴露評估。雇主應就前項暴露評估結果，依下列規定，定期實施評估：

(一) 暴露濃度低於容許暴露標準二分之一之者，至少每三年評估一次。

(二) 暴露濃度低於容許暴露標準但高於或等於其二分之一者，至少每年評估一次。

(三) 暴露濃度高於或等於容許暴露標準者，至少每三個月評估一次。

游離輻射作業不適用前二項規定。

化學品之種類、操作程序或製程條件變更，有增加暴露風險之虞者，應於變更前或變更後三個月內，重新實施暴露評估。

四、 雇主對於化學品之暴露評估結果，應依下列風險等級，分別採取控制或管理措施：

(一) 第一級管理：暴露濃度低於容許暴露標準二分之一者，除應持續維持原有之控制或管理措施外，製程或作業內容變更時，並採行適當之變更管理措施。

(二) 第二級管理：暴露濃度低於容許暴露標準但高於或等於其二分之一者，應就製程設備、作業程序或作業方法實施檢點，採取必要之改善措施。

(三) 第三級管理：暴露濃度高於或等於容許暴露標準者，應即採取有效控制措施，並於完成改善後重新評估，確保暴露濃度低於容許暴露標準。

五、 雇主應依分級結果，採取防範或控制之程序或方案，並依下列順序採行預防及控制措施，完成後評估其結果並記錄：(一) 消除危害。(二) 經由工程控制或管理制度從源頭控制危害。(三)設計安全之作業程序，將危害影響減至最低。(四) 當上述方法無法有效控制時，應提供適當且充分之個人防護具，並採取措施確保防護具之有效性。

六、 依據危害性化學品評估及分級管理辦法，分級管理流程如圖 1.5 所示，首先判斷該危害性化學品是否符合 CNS 15030 具有健康危害？是否為特定化學物質危害預防標準／有機溶劑中毒預防規則／四烷基鉛中毒預防規則／鉛中毒預防規則／粉塵危害預防標準等法規規定者？接著分別判定是否定有容許暴露標準？及是否為依勞工作業環境監測實施辦法規定應辦理監者？再依其危害及暴露程度劃分風險等級，或與容許濃度比較進行暴露分級，並採取對應之分級管理措施，若事業單位從事特別危害健康作業之勞工人數在一百人以下，或總勞工人數五百人以下者，就依化學品危害群組分類、散布狀況及使用量來判斷暴露程度，進行風險矩陣分級，再據以選擇對應之控制及管理措施。

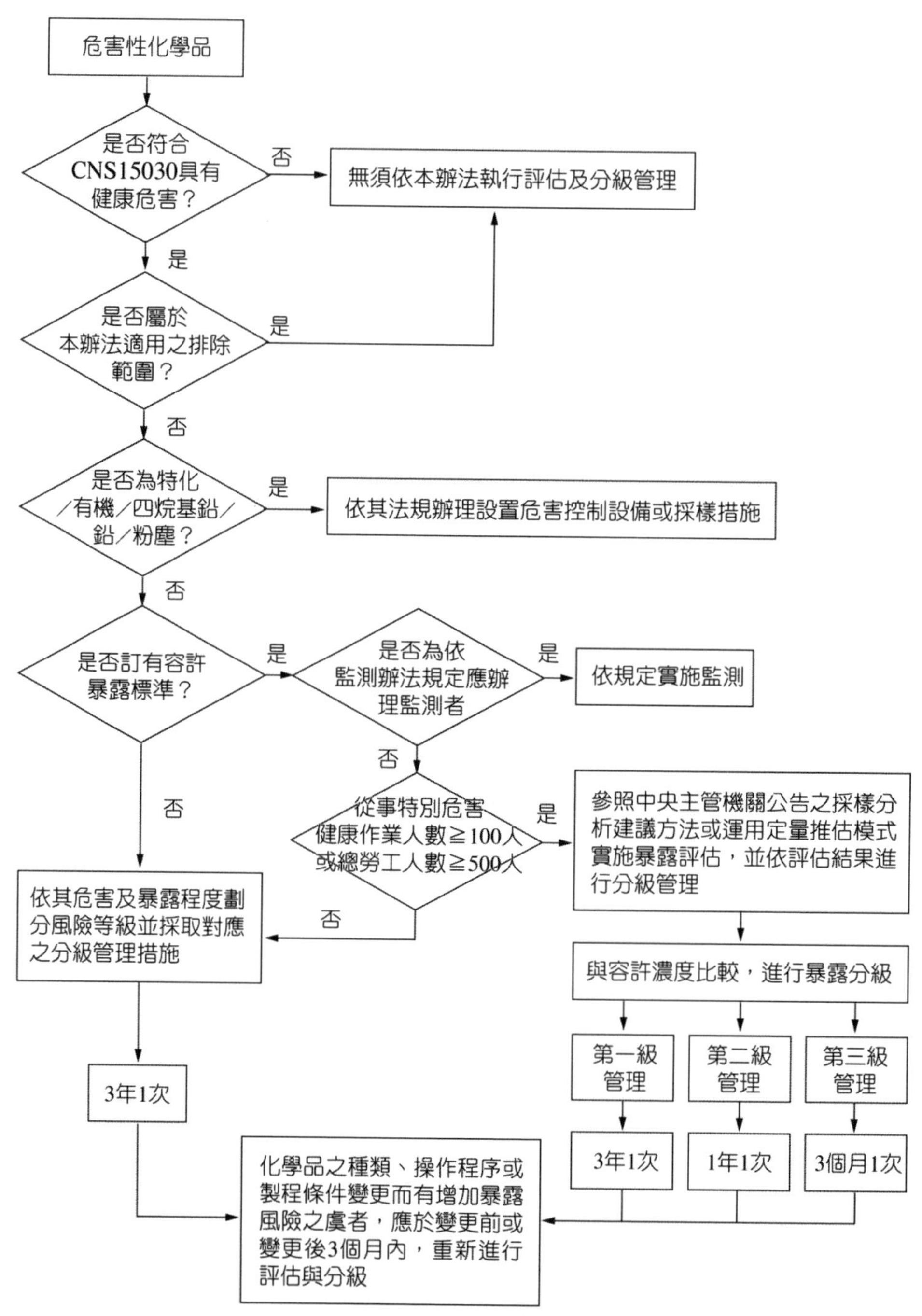

▲圖 1.5　危害性化學品評估及分級管理流程

習 題

1. 試列舉危害物質管理相關法規七個。
2. 試列舉國內外有關職業安全衛生雜誌各兩種。
3. 試歸納環保署所調查過去十年(1980~1990)357 件事故之分析結果。
4. 文中所提三點工安觀念盼事業單位加以落實，你個人看法如何？
5. 何謂安全文化(Safety Culture)？
6. 職災發生後，職災原因如何分析（分成哪三個原因）？
7. 雇主對重大職災的發生依法應如何處理？
8. 何謂暴露評估，何謂分級管理，暴露評估結果如何分級及對應之控制管理措施為何？
9. 採行預防及控制措施，其優先順序為何？

勵志小語

動動腦

1. 請用四條連續直線連結左圖九個點並畫出來？注意線是可以畫出去的哦！

   ✪ 解決問題要有創意，不要落入傳統、背景中，當你換個角度或休息時，答案就出來了。

   (Ans: )

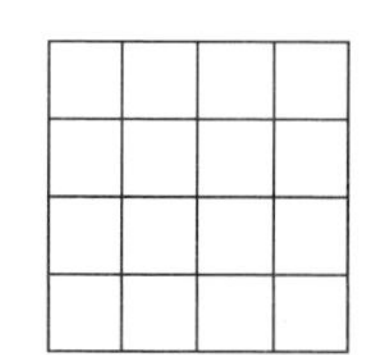

2. 請問左圖中大大小小正方形共有幾個？(Ans:30)

   ✪ 上帝給你的才能是 30 塊，你發揮了幾塊？

   ✪ 多看看自己，其實擁有的不少。多看你有的，少看你沒有的。

3. 六根火柴如何拼成四個正三角形？（Ans:四面體）

4. 若你是一個容易生氣(anger)的人，你就是一個靠近危險(danger)的人。

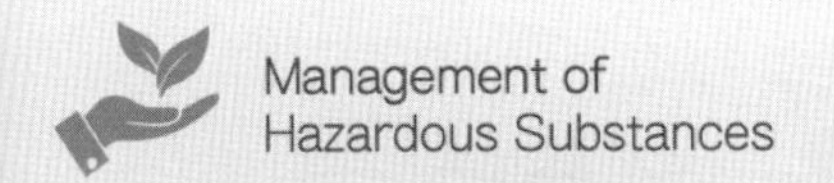

>> 第二章

危害性化學品標示及通識規則

2.1 全球化學品分類及標示調和制度

2.1.1 發展背景

世界各國法規對於化學品危害分類及標示規定並不相同，由於危害定義的不同，例如某種化學品在某一國家被認為是易燃，而在另外一國家被認為是非易燃。或另如是在某一國被認定是致癌物，在另外一國家則認定不是，主因是化學品危害分類標準不一致及危害標示差異大。此外，對於相同化學品之危害分類不同，其對應之危害管理措施亦將發生不一致情況，嚴重影響化學品使用勞工、運輸勞工、緊急應變者及消費者之安全與健康維護工作。聯合國為解決各國現存差異並提升人類健康及環境保護，1992 年聯合國環境發展會議，建議應展開國際間化學品分類與標示之調和工作。由三個組織－經濟合作發展組織(OECD)（負責制定化學品對人類健康與環境之危害分類標準）、聯合國危險貨物運輸專家委員會（負責制定化學品物理性安全標準，橘皮書）、國際勞工組織(ILO)（負責標示與分類方式）合作完成一套國際調和制度，於 2002 年 12 月完成，稱為紫皮書。2003 年聯合國正式採用並建請各國政府於 2008 年通過立法實施 GHS（The Globally Harmonized System of Classification & Labelling of Chemicals，簡稱 GHS）。所以聯合國全球化學品分類及標示調和制度是一套全球一致化的化學品分類與標示制度，希望能提供化學品安全資訊予勞工，以減少運作（製造、運輸、處置或使用）過程之危害或於意外事故發生時，能正確且迅速地善後，降低化學品對人體與環境造成之危險，及減少化學品跨國貿易必須符合各國不同標示規定之成本。

2.1.2 我國化學品危害通識制度之發展

行政院勞工委員會根據《勞工安全衛生法》第 7 條之授權於 81 年 12 月正式頒布《危險物及有害物通識規則》（以下簡稱危害通識規則）旨在使事業單位有效獲得所製造、處置或使用危害物質之安全衛生資訊，並藉標示物質安全資料表及教導勞工，以保障勞工知的權利。近年來由於國內產業結構改變，工業製程日趨複雜，不少新興產業及服務業等更新製程，使用新的危害物質，又為因應安全衛生國際化之趨勢及落實提升產業升級，加強保障勞工安全與健康。因此，於 88 年 6 月加以修正並頒布實施（將 MSDS 改成 16 項）。為與國際接軌符合化學品 GHS 制度之規範，於 96 年 10 月 16 日訂定《危險物與有害物標示及通識規則》，96 年 11 月行政院 GHS 推動方案之跨部會會議共同決議，先由勞委會（工作場所）、環保署（毒性化學物質）及消防署（公共危險物品）等三部會先實施 GHS，自 97 年 12 月 31 日實施。原危害通識與化學品 GHS 制度比較如表 2.1 所示，除原規則列舉規範附表一以外，還包括符合國家標準 15030 化學品分類及標示系列，如圖 2.1 所示，具有物理性危害如圖 2.2 或健康危害如圖 2.3 之化學品。標示內容增加警示語，標示之危害圖式形狀為直立 45° 角之正方形，其大小需能辨識清楚。圖式符號應使用黑色，背景為白色，圖式之紅框有足夠警示作用之寬度。102 年 7 月勞動部修正《勞工安全衛生法》改為《職業安全衛生法》，為配合該法之實施，勞動部於 103 年 6 月 27 日修正《危險物與有害物標示及通識規則》，改為《危害性化學品標示及通識規則》。製造商或供應商對前條之物品應製備安全資料表，雇主應依實際狀況檢討安全資料表內容之正確性，並適時更新，紀錄保存三年。職安法新增化學品源頭管理制度，其內容如下：

1. 增訂新化學物質登記評估及核准制度。
2. 增訂管制性化學品非經許可不得運作。
3. 增訂優先管理化學品流布應通報中央。

4. 增訂化學品製造輸入供應者標示及提供安全資料表之義務。

5. 增訂危害性化學品健康風險評估及分級管理。

表 2.1　原危害通識與化學品 GHS 制度比較

	原危害通識制度	化學品 GHS 制度
危害分類	九大類（物理性危害）	三大類，共 27 種（物理性、健康危害及環境危害）
標示	CNS6864 及聯合國橘皮書	CNS15030 及聯合國紫皮書
項目	交通運輸與工作場所一致，但缺乏「工作場所慢性健康危害」及「環境危害」分類標示	增加「工作場所慢性健康危害」及「環境危害」分類標示

▲圖 2.1　危害圖示─國家標準 CNS15030 化學品分類及標示

危害性	爆炸物	易燃氣體	易燃氣膠	氧化性氣體	加壓氣體	易燃液體	易燃固體	自反應物質	發火性液體	發火性固體	自熱物質	禁水性物質	氧化性液體	氧化性固體	有機過氧化物	金屬腐蝕物
GHS圖式符號																
我國法令圖式符號	1	2.1	2.1	5.1	2.2	3	4.1	4.1	4.2	4.2	4.2	4.3	5.1	5.1	5.2	8

▲圖 2.2 GHS 物理性危害

危害性	急毒性物質	腐蝕／刺激皮膚物質	嚴重損害／刺激眼睛物質	呼吸道或皮膚過敏物質	生殖細胞致突變性物質	致癌物質	生殖毒性物質	特定標的器官系統毒性物質—單一暴露	特定標的器官系統毒性物質—重覆暴露	吸入性危害物質	水環境之危害物質
GHS圖式符號											
我國法令圖式符號	6.1	8	8	—	—	—	—	—	—	—	—

▲圖 2.3 GHS 健康及環境危害

2.2 危險物之定義

依危害通識規則之規定為：符合國家標準 CNS15030 分類，具有物理性危害者。

一、爆炸性物質

1. 硝酸酯類：如硝化乙二醇、硝化甘油、硝化纖維等。
2. 硝基化合物：如三硝基甲苯、三硝基苯、三硝基酚等。
3. 過氧化有機物：如過醋酸、過氧化丁酮、過氧化二苯甲醯等。

二、著火性物質

1. 易燃固體，易被外來火源所引燃迅速燃燒之固體，例硫化磷、赤磷、寶璐珞等。
2. 自燃物質，自行生熱或自行燃燒之固體或液體，例黃磷、二亞硫磺酸鈉、鋁粉末、鎂粉末等。
3. 禁水性物質，與水接觸能放出易燃之氣體，例金屬鉀、金屬鋰、金屬鈉、碳化鈣、磷化鈣等。

三、氧化性物質

1. 氯酸鹽類：如氯酸鉀、氯酸鈉等。
2. 過氯酸鹽類：如過氯酸鉀、過氯酸鈉、過氯酸銨等。
3. 無機過氧化物：如過氧化鉀、過氧化鈉、過氧化鋇等。
4. 硝酸鹽類：如硝酸鉀、硝酸鈉、硝酸銨等。

5. 亞氯酸鹽類：如亞氯酸鈉等。

6. 次氯酸鹽類：如次氯酸鈣等。

四、引火性液體

依閃火點來分類，閃火點越低危害越大。閃火點小於–30°C 者，例：乙醚、汽油、乙醛、環氧丙烷等；閃火點介於–30°C 及 0°C 者，例：正己烷、環氧乙烷、丙酮、苯、丁酮等；閃火點介於 0°C 及 30°C 者，例：乙醇、甲醇、二甲苯、乙酸戊酯等；閃火點介於 30°C 及 65°C 者，例：煤油、輕油、松節油、異戊醇、醋酸等。

五、可燃性氣體

1. 氫。
2. 乙炔、乙烯。
3. 甲烷、乙烷、丙烷、丁烷。
4. 其他於 1atm、15°C 以下具可燃性之氣體或爆炸下限在 10%以下或爆炸範圍在 20%以上之氣體如表 2.2 所示。

六、爆炸性物品

1. 火藥。
2. 炸藥。
3. 爆劑。
4. 引炸物。
5. 具爆炸性之化工原料。

表 2.2 可燃性氣體物性表

	化學符號	分子式	爆炸下限(LEL)%	爆炸上限(UEL)%	最小著火能(mj)	燃燒熱kcal/mol
一氧化碳	Carbon Monoxide	CO	12.5	74.2	0.019	67.6
乙炔	Acetylene	C_2H_2	2.5	8.1	0.019	301.5
乙烯	Ethylene	C_2H_4	3.1	32		310.9
乙烷	Ethane	C_2H_6	3.0	12.5	0.25	336.7
乙醛	Acetaldehyde	C_2H_4O	4	57		
丁二烯	Butadiene	C_4H_6	2.0	11.5		
丁烷	n-Butane	C_4H_{10}	1.8	8.4	0.25	634.4
二硫化碳	Carbon Disulfide	CS_2	1.3	50	0.09	246.6
丙烯醛	Acrylinc Aldehyde	CH_2CHCHO	2.8	31		
丙烯	Acrylonitrile	CH_2CHCN	3.0	17.0		
丙烷	Propane	C_3H_8	2.2	9.5	0.26	484.1
甲烷	Methane	CH_4	5.0	15.4	0.28	191.7
苯	Benzene	C_6H_6	1.3	7.1	0.20	750.6
氫	Hydrogen	H_2	4.0	75		57.8
氯乙烯	Vinyl Chioride	CH_2CHCl	3.6	33		
氰化氫	Hydrogen Cyanide	HCN	5.6	40		
環氧丙烷	Propylene Oxide	C_3H_6O	2.3	36		
環氧乙烷	Ethylene Oxide	$(CH_2)_2O$	3.0	100		

2.3 有害物之定義

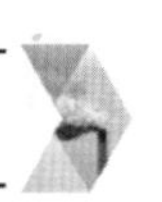

依通識規則之規定係指符合國家標準CNS15030分類，具有健康危害者。例如致癌物、毒性物質、劇毒物質、生殖系統致毒物、刺激物、腐蝕性物質、致敏感物、肝臟致毒物、神經系統致毒物、神經系統致毒物、腎臟致毒物、造血系統致毒物及其他造成肺、皮膚、眼黏膜危害之物質，包括毒性物質、腐蝕物質，致癌物等。有害物亦可分類如下：

1. 有機溶劑

三氯甲烷、二硫化碳、苯乙烯、環己醇、環酮甲苯、甲醇、丁酮、正己烷、汽油、礦油精等計 52 種。

2. 特定化學物質

氯乙烯、苯、丙烯腈、氰化氫、硫化氫、氟化氫、石綿、汞及無機化合物、氨、一氧化碳、氯化氫、二氧化硫、光氣、甲醛、硫酸等計 62 種。

3. 其他指定化學物質

溴、CO_2、氟等計 254 種。

4. 放射性物質

產生自發性核變化，放出一種或數種游離輻射之物質。

危險物與有害物可以併稱為危害物(Hazardous Materials)，上列危害物共計 371 種。

危害物可以下列之一型態出現：例如粉塵、霧滴、燻煙、氣體、蒸氣、液體或固體。此外，物質也可能發現有物理或化學性危害或二者都有（參考表 2.3）。這兩種主要危害分類敘述如下：

1. 化學性危害

由於物質的化學性質引起的一種危害。其特徵是物質必須接觸人類身體。

2. 物理性危害

這些物質之威脅來自其特性，例如易燃性物質或物理狀態（例如，高壓下為氣體）。通常分為火災危害及其他。

表 2.3　化學性、物理性危害種類

	化學危害		物理危害
急性的	毒性 劇毒性 腐蝕性 刺激物 致過敏物 皮膚危害 眼睛危害	火災危害	易燃物 可燃物 氧化劑
慢性的	致癌物質 肝毒素 腎毒素 神經系統 血液毒素肺危害 生殖危害	壓力突然釋放的危害 反應性危害	爆炸 壓縮氣體 有機過氧化物 不安定的反應物 水合反應

值得去注意的是一種物質常具有多種危害。例如：苯是易燃性物質，會使皮膚缺乏脂肪（一種皮膚傷害），在 20,000ppm(2%)濃度下 5~10 分鐘，具毀滅性，且是一種致癌物質。因此，苯是易燃性液體，會造成皮膚傷害、中毒及致癌性，兼具物理及化學危害。苯需要結合各種危害控制方法，其危害取決於如何去使用它。

2.4 化學性危害

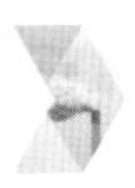

2.4.1 劑量(Dose)

研究毒性物質影響的毒物學者及科學家，大多數承認有些物質低於恕限值劑量是無害的。這個毒性恕限值的觀念，對於控制有害物暴露是具關鍵性的。

所有的物質如果在足夠的劑量下或經由錯誤的途徑進入人體可以是有害的。例如：鹽（氯化鈉）在日常生活由食物中攝取，但如果注入血液中，非常小的劑量就會致命。這個關鍵點就是減少有害化學物之暴露，使無法達到毒性恕限劑量。

2.4.2 急性健康危害

以下的危害等級傾向針對急性效應，亦即此效應之發生是在暴露之後。

一、毒性和急毒性

有足夠的人類毒理資料或動物毒性研究劑量顯示，這些等級之物質在高暴露程度下可致死。表 2.4 將物質分為毒性、劇毒性。劇毒性物質比毒性物質有較大的危害。毒物可以固體、液體、氣體來表現。例如：苯烯腈、氨、苯胺、三氯化硼等，皆被認為是毒性物質。苯、次乙亞胺、氰化氫和有機汞，則被認為是劇毒物。

表 2.4 說明了會導致動物數中 50%死亡(LD_{50})之劑量下限。其單位是動物體重每 1 kg 所含之化學物重量 1 毫克。給於白老鼠口服及吸入，連續接觸白老鼠的皮膚。這些資料可用來將化學物分成毒性或劇毒性。

表 2.4 劇毒性／毒性的分類 

	適用量途徑和類別		
	口服	皮膚	吸入
分類	LD_{50}	LD_{50}~24 hr	LC_{50}~1 hr
劇毒性	< 50 mg/kg	< 200 mg/kg	< 200 ppm < 2 mg/liter
毒性	50~500 mg/kg	200~1000 mg/kg	2~20 mg/liter

二、腐蝕性物質

凡可藉化學作用使接觸部位之活組織產生可見的損壞即不可逆改變（化學灼傷）的化學物。腐蝕性物質通常為液體，也可能是氣體、蒸氣、霧滴。例如：冰醋酸、氯化氫酸、碳酸鈉、氫氟酸、酚和硫酸。

三、刺激物

能在接觸部位藉化學作用引起可逆性發炎反應的化學物。刺激物可以任何物理型態出現（例如：固體、氣體、液體），刺激的部位包括皮膚、眼睛、黏膜和呼吸道。刺激物的例子包括氨、乙醇、氮氧化物、次氯酸鈉、漂白劑。

四、致過敏物質

這種化學物會使大部分的人經過單一或重覆暴露產生過敏反應。少量也可發現過敏反應。包括溴、甲醛和臭氧。

五、皮膚危害物

會影響皮膚層的物質。導致皮膚炎或乾燥疹和刺激性。一些皮膚危害物的例子是丙酮、氯化物和甲基乙基酮。

2.4.3 職業性皮膚病

1. 原始刺激性皮膚病

由機械因素所導致，像摩擦、物理作用。例如：熱或冷，和來自化學作用例如：酸和鹼。

2. 過敏性皮膚炎

這來自於過敏反應。過敏會從幾天到幾個月這個誘發時期而確認。之後幾分鐘就會發生過敏反應。一些物質例如：有機溶劑、鉻酸和環氧樹脂會致刺激性及過敏性皮膚炎。

3. 眼部危害物

會影響眼睛的物質。幾乎任何物質進入眼睛皆會導致一些刺激性。有些物質例如:強鹼是非常難沖洗的,且會導致嚴重的傷害。眼部刺激物包括酸、鹼、有機溶劑。

4. 鉻危害物

必須長時間暴露下，其影響才會被看見。

5. 致癌物

致癌物會使人類或動物致癌。致癌物包括丙烯腈、石綿、苯、甲醛和四氯化碳。

6. 肝毒性（肝毒素）

這物質能導致肝臟損壞。例如：肝腫大或黃疸。包括四氯化碳、乙醇、氯仿、亞硝胺、三氯乙烯和氯乙烯。

7. 腎毒物（腎毒素）

導致腎臟損壞的物質。例如：乙醇、鹵化碳氫化合物、三氯乙烯。

8. 神經系統毒物（神經毒素）

影響中樞神經系統的物質。其影響包括：麻醉、行為改變、減少運動功能和死亡。產生效應的物質，例如：二硫化碳、乙醇、汞和四乙基鉛。

9. 血液（造血系統毒素）

這些化學物會影響血液或血液運輸組織。此影響會減少運輸氧的能力而導致貧血。包括一氧化碳、氰化物、對苯二酚、苯氨、砷。

10. 肺毒物

此種物質影響肺組織導致咳嗽、胸部鬱悶及呼吸短促，更嚴重會導致永久肺功能損傷和其他效應。例如：石綿、鈹、煤塵、棉塵和矽土。

11. 生殖毒物

這種物質會導致生育缺陷或不孕。例如：多氯聯苯、氯化烯。

2.5 物理性危害

2.5.1 火災危害

火災危害主要分為可燃物及易燃物。可燃物及易燃物之間主要的差異在於著火溫度的不同。易燃物著火的溫度低於 100°F，而可燃物的溫度在 100°F~200°F 之間。亦即處理易燃物比處理可燃物要更小心。

可燃物在輕微的高溫會引起火災危害，但不會發生在室溫中。常見的例子包括：石油無機醇。

易燃物質可能是氣懸膠、氣體、液體或固體。每一種都有不同的定義，一般來說，易燃物引起火災的危害在正常室溫之下。

易燃性氣體係指混合物中含有 13%或更多濃度的空氣，例如：乙炔、丁烷和丙烷。易燃性液體其液體的燃火點低於 100°F。一些例子包括丙酮、汽油、乙醇、甲醇和很多有機溶劑。

2.5.2 壓力迅速釋放的危害

當化學物質受到衝擊、壓力或溫度改變時，氣體和熱量（爆炸）會導致壓力突然釋放。這包括 TNT、硝化甘油和一些過氧化氫。壓縮氣體可引起潛在身體健康危害。鋼瓶內之壓縮氣體由於貯槽壓力及閥之打開而造成傷害。這分類並不包括氣體本身是否為易燃性或毒性。一般常見的壓縮氣體是乙炔、空氣、二氧化碳、氮氣、氧氣。

2.5.3 反應性危害

有機過氧化物。過氧化物包括不安定-O-O-（氧）歸類在其化學結構。其對衝擊、火花及點燃非常敏感、易燃。過氧化物在製造業中有幾種常見的，例如：醚、乙烯基、苯甲基、氫原子、環氧乙烷、環辛烷等。

不安定反應性。這些物質非常活潑、聚合、分解、壓縮、衝擊或高溫下會反應。例如：苯烯腈、過氧化苯及丁二烯。

水合反應物質。這些化學物會和水反應而產生易燃物或有毒氣體。包括：碳化鈣、甲基氧化物和鈉及鉀金屬。

2.6 危險物之特性

一、燃　燒

燃燒為發生熱與光之氧化反應，其形式如下：

1. 擴散燃燒

可燃性氣體自管口流出一遇空氣，可燃性氣體分子與空氣之氣體分子相互擴散而混合，著火而形成燃燒。

2. 蒸發燃燒

引火性液體之燃燒為液體蒸發之蒸氣著火而發生火焰，此一火焰使液體表面加熱而加速燃燒，使燃燒繼續。

3. 分解燃燒

木材、紙、油脂、白蠟之燃燒，係物質之分解生成可燃氣體著火而燃燒。

4. 表面燃燒

無定形炭素之固體表面，因空氣之接觸部分而發火，如鋁箔、鎂帶等金屬之燃燒。

二、爆　炸

物質在靜止狀態，因急速膨脹現象，發生光與聲音，伴以衝擊之壓力，完成瞬間化學變化。

三、點火能量

爆炸性混合氣體或散布於空氣中之爆炸性粉塵，能使其爆炸之最低點火能量，因物質之不同而異。

四、蒸氣爆炸

加壓下過熱狀態之液體因密閉容器破損，致壓力急速下降，而起突沸現象，使體積膨脹而爆炸，如果內容物為易燃者，則常能引起二次爆炸。

五、燃點或著火點(Fire point; Combustion point)

引火性質表面有充分空氣遇火種即刻燃燒，火焰歷久不滅，此時該物質之最低溫度稱為著火點或燃點。燃點通常較閃火點略高 5~20°C，一般討論引火性物質之危險性皆以閃火點表示，不採用燃點。

六、發火溫度(Ignition temperature)

物質不自他處獲得火焰或電氣火花等火種引燃，而可自行在空氣中維持燃燒之最低溫度謂之發火溫度。

七、爆　轟(Detonation)

爆炸為非正常燃燒，因為壓力急速上升，氧化作用以加速度方式進行，至某一時間急速增大傳播速度，使其速度高達 1000~3500 m/s 之現象稱為爆轟。

八、閃燃(flashover)

火災發生後，起火源旁若有可燃物，則可能會「延燒」使火勢逐漸擴大，此逐漸擴大之過程稱為「成長期」。在此過程中，火災居室內之可燃物被不斷加熱而釋放出氣體，並在室內高處蓄積，當該氣體與空氣之混合氣體濃度達到可燃界限內，且溫度已達多數材料之著火點或以上，則爆發地使室內全體陷於火焰之中，此瞬間現象稱為「閃燃」。

2.7 聯合國對危害物之分類

根據聯合國危險物運輸專家委員會之建議，危害物質的種類被歸類成九大類，除第三類易燃液體、第八類腐蝕性物質，第九類其他危險物之外，其餘六類又區分為若干類號或類組號，這些分類或分組係依據其危害類型而

定，分類或分組號碼的次序，並不代表其造成危險大小。危害物質九大類分別說明如下，其危害物分類如表 2.5 所示，適用於交通運輸的危害物分類：

第一類：爆炸物(Explosives)

爆炸性物質：係指一種固體物質或液體物質（或此類物質之混合物），其本身會因化學反應產生氣體，導致其溫度、壓力與擴張速度造成周圍環境之破壞。

第二類：氣體

在本類中將氣體分為三組，分別 2.1 組之「易燃氣體」，2.2 組之「非易燃氣體」以及 2.3 組之「毒性氣體」；以下是各組氣體之定義。

2.1 易燃氣體

係指溫度在 20°C，標準壓力為 101.3 KPa 時，該氣體與空氣之容積混合比在 13%以上時為易著火氣體；或不論該氣體之燃燒下限為何，其在空氣中之燃燒範圍不少於 12%者。

2.2 非易燃氣體

係指窒息性氣體、氧化性氣體及不歸類其他組者。窒息性氣體可稀釋或置換正常空氣中氧氣。因而對人造成缺氧窒息之效果。氧化性氣體在化學轉變過程中提供氧氣，使其他物質較在空氣中更容易燃燒。

2.3 毒性氣體

係指對人體健康造成毒害或腐蝕等傷害之氣體；或其半致死濃度(LC_{50})等於或小於 5,000 ppm 之毒性氣體。

第三類：易燃液體

第三類危害物質為不分組之易燃液體。易燃液體可以是液體、液體混合物或在溶液或懸濁液中含有固體之液體。易燃液體與類組 2.1 易燃氣體之標示圖式幾乎一樣，兩者之差別在於前者之類號為 3，後者之類號為 2，且中英文標註也有一字之差。

第四類：易燃固體、自燃物質、禁水性物質

本類物質分為 4.1 易燃固體、4.2 自燃物質及 4.3 禁水性物質三組，其定義如下：

4.1 易燃固體

係指經由摩擦或與火源短暫接觸即容易起火燃燒之固體物質。

4.2 自燃物質

係指易於自然發熱或因與空氣接觸發熱易於著火之物質。

4.3 禁水性物質

係指與水相互作用，很容易發生自然或釋放大量危險易燃氣體之物質。

第五類：氧化性物質、有機過氧化物

本類物質分為 5.1 氧化性物質及 5.2 有機過氧化物兩組，其定義如下：

5.1 氧化性物質

係指能放出氧氣導致其他物質燃燒之物質，但此類物質本身並不一定會燃燒。

5.2 有機過氧化物

係指含有–O–O–結構之有機物質或是過氧化氫之衍生物，其中一或二個氧原子為有機基所取代。有機過氧化物產生放熱之自行加速分解，因此亦可能兼具爆炸、迅速燃燒，對撞擊或摩擦敏感及與其他物質起危險反應之性質。

第六類：毒性物質、感染性物質（未列入危害通識）

本類物質分為 6.1 毒性物質及 6.2 感染性物質兩組，但目前感染性物質未被列入《危險物及有害物通識規則》中。6.1 組之毒性物質，係指由於吞食、吸入或皮膚接觸，有致人死亡、嚴重傷害或有害健康之物質。

第七類：放射性物質

放射性物質係指任何物質其放射性比活度(Specificactivity)大於 70 kbg/kg (0.002 Ci/g)者。本類物質依其放射活性以羅馬數目字分為Ⅰ、Ⅱ、Ⅲ三組，其標示圖示及說明依行政院原子能委員會之有關法令辦理。

第八類：腐蝕性物質

此類物質於接觸生物組織時，其產生之化學反應能導致生物組織之嚴重損傷；或當此類物質洩漏時，會導致其他物品之損毀，並可造成其他危害。

第九類：其他危險物質

當某些物質所產生之危害不能為上述八類危害物質所涵蓋時，即可列入第九類中；如石綿、基因改變之微生物等，皆歸入此類物質。

▌表 2.5　聯合國危險物運輸專家委員會對危害物之分類

危害性分類		圖式	圖式說明	修正說明
類別	組別			
第一類：爆炸物	1.1 組 有整體爆炸危險之物質或物品 1.2 組 有拋射危險，但無整體爆炸危險之物質或物品 1.3 組 會引起火災，並有輕微爆炸或拋射危險但無整體爆炸危險之物質或物品	爆炸物 EXPLOSIVE ** * 1	象徵符號：炸彈爆炸，黑色 背景：橙色 數字「1」置於底角 **：**類組號**位置 *：相容組之位置 象徵符號與**類組號**間註明「爆炸物」	1. 配合新修正中國國家標準 CNS 6864 Z5071 規定，備註 2 刪除 2. 作文字修正

表 2.5　聯合國危險物運輸專家委員會對危害物之分類（續） 

危害性分類		圖式	圖式說明	修正說明
類別	組別			
第一類：爆炸物	1.4 組 無重大危險之物質或物品	1.4 * 1	背景：橙色 文字：黑色 數字之高度為30mm，寬為5mm（標示為100mm×100mm時） 數字「1」置於底角	1. 原備註欄上圖式刪除 2. 「標誌」修正為「標示」
	1.5 組 很不敏感，但有整體爆炸危險之物質或物品	1.5 * 1	背景：橙色 文字：黑色 數字之高度為30mm，寬為5mm（標示為100mm×100mm時） 數字「1」置於底角	
	1.6 組 極不敏感，且無整體爆炸危險之物質或物品	1.6 * 1	背景：橙色 文字：黑色 數字之高度為30mm，寬為5mm（標示為100mm×100mm時） 數字「1」置於底角	

表 2.5 聯合國危險物運輸專家委員會對危害物之分類（續）

危害性分類		圖式	圖式說明	修正說明
類別	組別			
第二類：氣體	2.1 組 易燃氣體		象徵符號：火焰，得為白色或黑色 背景：紅色 數字「2」置於底角 象徵符號與類號間註明「易燃氣體」	
	2.2 組 非易燃，非毒性氣體		象徵符號：氣體鋼瓶，得為白色或黑色 背景：綠色 數字「2」置於底角 象徵符號與類號間註明「非易燃，**非毒性氣體**」	1. 依 CNS 規定，更正圖內鋼瓶嘴的方向（嘴向右，非向左） 2. 依 1997 年聯合國關於危險物品運輸建議書規定：增列「非毒性氣體」(Non-toxic Gas)

表 2.5　聯合國危險物運輸專家委員會對危害物之分類（續）

危害性分類		圖式	圖式說明	修正說明
類別	組別			
第二類：氣體	2.3 組 毒性氣體	毒性氣體 TOXIC GAS 2	象徵符號：骷髏與兩根交叉方腿骨，黑色 背景：白色 數字「2」置於底角 象徵符號與類號間註明「毒性氣體」	
第三類：易燃液體	不分組	易燃液體 FLAMMABLE LIQUID 3 易燃液體 FLAMMABLE LIQUID 3	象徵符號：火焰，得為黑色或白色 背景：紅色 數字「3」置於底角 象徵符號與類號間註明「易燃液體」	
第四類：易燃固體	4.1 組 易燃固體	易燃固體 FLAMMABLE SOLID 4	象徵符號：火焰，黑色 背景：白色加七條紅帶 數字「4」置於底角 象徵符號與類號間註明「易燃固體」	

表 2.5 聯合國危險物運輸專家委員會對危害物之分類（續） 

危害性分類		圖式	圖式說明	修正說明
類別	組別			
第四類：易燃固體	4.2 組 自燃物質	自燃物質 SPONTANEOUSLY COMBUSTIBLE 4	象徵符號：火焰，黑色 背景：上半部為白色，下半部紅色 數字「4」置於底角 象徵符號與類號間註明「自燃物質」	
	4.3 組 禁水性物質	禁水性物質 DANGEROUS WHEN WET 4 禁水性物質 DANGEROUS WHEN WET 4	象徵符號：火焰，得為白色或黑色 背景：藍色 數字「4」置於底角 象徵符號與類號間註明「禁水性物質」	

表 2.5 聯合國危險物運輸專家委員會對危害物之分類（續）

危害性分類		圖式	圖式說明	修正說明
類別	組別			
第五類：氧化性物質	5.1 組 氧化性物質	氧化性物質 OXIDIZING AGENT 5.1	象徵符號：圓圈上一團火焰，黑色 背景：黃色 數字「5.1」置於底角 象徵符號與類組號間註明「氧化性物質」	
	5.2 組 有機過氧化物	有機過氧化物 ORGANIC PEROXIDE 5.2	象徵符號：圓圈上一團火焰，黑色 背景：黃色 數字「5.2」置於底角 象徵符號與類組號間註明「有機過氧化物」	「類號」修正為「類組號」及有機過氧化物
第六類：毒性物質	6.1 組 毒性物質	毒性物質 POISON 6	象徵符號：骷髏與兩根交叉方腿骨，黑色 背景：白色 數字「6」置於底角 象徵符號與類號間註明「毒性物質」	

表 2.5　聯合國危險物運輸專家委員會對危害物之分類（續）

危害性分類		圖式	圖式說明	修正說明
類別	組別			
第七類：放射性物質	放射性物質Ⅰ、Ⅱ、Ⅲ分組，**可分裂物質**	依行政院原子能委員會之有關法令辦理	依行政院原子能委員會之有關法令辦理	依新修正 1997 年聯合國關於危險物品運輸建議書，增列「可分裂物質」
第八類：腐蝕性物質	不分組		象徵符號：液體自兩個玻璃容器**濺於手上**與**金屬**上，黑色 背景：上半部為白色，下半部黑色白邊 數字「8」置於底角 象徵符號與類號間註明白色「腐蝕性物質」	作文字修正
第九類：其他危險物	不分組		象徵符號：上半部七條黑色垂直線條 背景：白色 數字「9」置於底角	依 1997 年聯合國關於危險物品運輸建議書規定，作圖式修正

2.8 危害性化學品標示及通識規則重要內容

2.8.1 容器標示

雇主對裝有危害性化學品之容器，應依 2.8.2 所示之分類及危害圖式，明顯標示下列事項，所用文字以中文為主，必要時輔以外文：

容器標示包括圖示及內容(《危害性化學品標示及通識規則》第 5 條)，內容包括：

1. 名稱。
2. 主要成分。
3. 警示語。
4. 危害警告訊息。
5. 危害防範措施。
6. 製造商或供應商之名稱、地址及電話。

第一項容器所裝之危害物無法依附表二規定之分類歸類者，得僅標示第一項第二款事項。第一項容器之容積在 100 毫升以下者，得僅標示名稱、危害圖式及警示語。

若一危害物質具有多項危害屬性，其圖形標示格式如下，由左而右：

2.8.2 危害性化學品之分類、標示要項

1. 炸彈爆炸，包括爆炸物、自反應性物質 a 型（遇熱可能爆炸）及 b 型（遇熱可能起火或爆炸）、有機過氧化物 a 型（遇熱可能爆炸）及 b 型（遇熱可能起火或爆炸），圖示為：

2. 火焰，易燃氣體第 1 級、易燃氣膠第 1、2 級、易燃液體第 1、2、3 級、易燃固體第 1、2 級、自反應物質 B 型、發火性液體、發火性固體、自熱物質、禁水性物質、有機過氧化物 C 型和 D 型、E 型和 F 型，圖示為：

3. 圓圈上一團火焰，氧化性氣體第 1 級、氧化性液體、氧化性固體，圖示為：

4. 氣體鋼瓶，加壓氣體（壓縮氣體、液化氣體、冷凍液化氣體、溶解氣體），圖示為：

5. 骷髏與兩根交叉骨，急毒性物質第 1~3 級（吞食、皮膚、吸入），圖示為：

6. 驚嘆號，急毒性物質第 4 級、腐蝕／刺激皮膚物質第 2 級、嚴重損傷／刺激眼睛物質第 2A 級、皮膚過敏物質第 1 級、特定標的器官系統毒性物質－單一暴露第 3 級，圖示為：

7. 腐蝕，金屬腐蝕物第 1 級、腐蝕／刺激皮膚物質 1A、1B、1C、嚴重損傷／刺激眼睛物質第 1 級，圖示為：

8. 健康危害，呼吸道過敏物質、生殖細胞致突變性物質、致癌物質、生殖毒性物質、特定標的器官系統毒性物質－單一暴露（第 1、2 級）、特定標的器官系統毒性物質－重覆暴露、吸入性危害物質，圖示為：

依《危害性化學品標示及通識規則》第 9 條規定，雇主對裝有危害性化學品之容器屬下列之一者，得於明顯之處，設置公告板以代替容器標示之容器。

1. 裝同一種危害質之數個容器，置放於同一處所。
2. 導管或配管系統。
3. 反應器、蒸餾塔、吸收塔、析出器、混合器、沉澱反分離器、熱交換器、計量槽、貯槽等化學設備。

4. 冷卻裝置、攪拌裝置、壓縮裝置等設備。

5. 輸送裝置。

2.8.3 危害通識計畫

雇主為防止勞工未確實知悉危害性化學品之危害資訊，致引起之職業災害，應採取下列必要措施：

1. 依實際狀況訂定危害通識計畫，適時檢討更新，並依計畫確實執行，其執行紀錄保存三年。

2. 製作危害物質清單，其內容應含物品名稱、其他名稱、安全資料表索引碼、製造商或供應商名稱、地址及電話、使用資料及貯存資料等項目，其格式如表 2.6。

3. 將危害物質之安全資料表置於工作場所易取得之處，適時更新。

4. 使勞工接受製造、處置或使用危害性化學品之教育訓練，其課程內容及時數依職業安全衛生教育訓練規則之規定辦理。

   一般安全衛生教育訓練課程內容包括：

   (1) 職業安全衛生法規概要。

   (2) 職業安全衛生概念及現場安全衛生規定。

   (3) 作業前、中、後之自動檢查、檢點事項。

   (4) 標準作業程序(Standard Operation Procedure, SOP)。

   (5) 緊急事項處理或避難事項。

   (6) 作業中應注意事項及危害預防方法。

   (7) 消防及急救常識暨演練。

   (8) 其他必要事項。

新僱勞工不得少於三小時。若勞工製造、處置或使用危險物、有害物時，增列下列課程三小時：

(1) 危害性化學品之通識計畫。

(2) 危害性化學品之標示內容及意義。

(3) 危害性化學品之特性。

(4) 危害性化學品之人體健康之危害。

(5) 危害性化學品之使用：存放、處理及棄置等安全操作程序。

(6) 緊急應變程序。

(7) 安全資料表之存放取得方式。

5. 其他使勞工確實知悉危害性化學品資訊之必要措施。

表 2.6　危害物質清單

化學名稱：
同義名稱：
物品名稱：
安全資料表索引碼：
製造商或供應商：
地　　址：
電　　話：
使用資料：

	地　點	使用頻次	數　量	使用者
貯存資料：	________	________	________	________

	地　點	數　量
製單日期：	________	________

2.8.4 罰　則

雇主如不依《職業安全衛生法》第 10 條及《危害性化學品標示及通識規則》之規定，辦理危害通識有關之標示及安全資料表等事項，經通知限期改善，屆期未改善者處新臺幣 3 萬元以上，30 萬元以下罰鍰。雇主如不依《職業安全衛生法》第 32 條及《危害性化學品標示及通識規則》之規定辦理勞工危害通識教育訓練，經通知限期改善而不如期改善者，處新臺幣 3 萬元以上，15 萬元以下罰鍰。勞工如不接受安全衛生教育，處新臺幣 3,000 元以下罰鍰。

2.9 物料火災危險標誌

美國防火協會推薦的「物料火災危險標誌」(NFPA704M)係屬一種綜合性質之分類。這種標誌系統的目的在以簡明醒目之標誌、說明物料之內在危險，以數字標明危險的等級，可使火場之消防及搶救人員，辨明物料之危險性，以採取安全行動，迅速撲滅火災，促進公共安全及保護搶救人員生命。這種系統使用菱形標誌，張貼在物料上或置於危險區域附近，標誌的顏色意義如下：

1. 藍色菱形代表健康危險。
2. 紅色菱形代表火災危險。
3. 黃色菱形代表化學反應（不穩定）性危險。
4. 白色菱形留供其他特殊預防措施警告之用。

藍、紅、黃色內阿拉伯數字 4-3-2-1-0 指示危險程度分級。阿拉伯數字 4 代表最危險，0 代表無危險或極輕度危險，或不需要特別注意的危險。白色菱形內沒有數字，若書上放射性記號，則代表該物質具有放射性危險，但可填入警告性的英文字母，例如 W 指示不可接觸水分。其標誌如圖 2.4，舉例說明如下：

一氧化碳：紅 4、黃 0、藍 2、白空。

醋酸：紅 2、黃 1、藍 2、白空。

丙烯腈：紅 4、黃 4、藍 4、白空。

丙酮：紅 3、黃 0、藍 1、白空。

危險物質之分類危害特性分級意義如下：

表 2.7 危害特性分級意義

級別	健康危害	易燃性危害	反應性危害
第 4 級	經過短暫暴露也會造成死亡或即使經過迅速的醫療仍會發生後遺症。這種物質太危險，沒有特殊防護具，不能接觸。例氫氰酸、氟。	物質在大氣壓力或正常周圍的溫度下，會迅速或完全氣化，或被迅速擴散於空氣中，並會迅速燃燒。例乙醛、乙炔、丁二烯、丙烯。	物質在正常溫度及壓力下，能迅速爆炸反應者。例過氧化醋酸。
第 3 級	經過短暫暴露，即使經過迅速的醫療，也會造成嚴重之暫時或後遺症的傷害，包括需要對全身防護的物質。例鹽酸、硫酸、氫、氯、氯化氫。	液體或固體，幾乎可以在任何周圍溫度下燃點。例汽油、丙酮。	物質能爆破、爆炸分解或爆炸反應，但需一強力的激發來源者，或者在起爆前，必須於密閉間內加熱者。例過氯酸、氟。
第 2 級	在強烈或連續的暴露下，除非採取迅速醫療，會造成臨時性工作能力的喪失或可能的後遺症傷害，需要使用獨立的空氣供應防護器具。例苯乙烯、氯乙烯、甲醛。	在燃點前，必須加以適當加熱的物質，或者暴露於較高周圍溫度下，才會發生燃點。例燃料油、甲醛。	通常不穩定，容易承受強烈化學變化但不致爆炸者。例苯乙烯、硫酸、乙炔、丁二烯。

表 2.7　危害特性分級意義（續）

級別	健康危害	易燃性危害	反應性危害
第 1 級	會造成刺激性，即使不加治療也僅有很小的後遺症傷害，這種物質僅需戴用合格的氣罐式面罩即可。例汽油、丙酮、丙烷。	在燃點前必須加熱物質。例瀝青。	通常為穩定的物質，但是溫度和壓力升高時，會變成不穩定或與水接觸會放出能量，但不劇烈。例醋酸、丙烯、氯乙烯。
0 級	暴露在著火狀況下也不會發生危險，但普通可燃物除外。	不會燃燒的物質。	通常為穩定物質，即使在可著火的情況下，也不會發生危險，與水不會起反應。

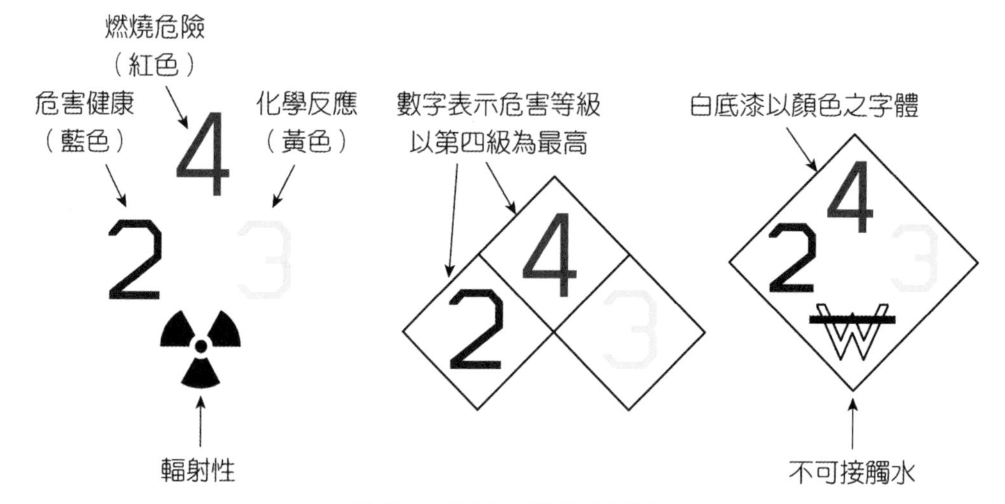

▲圖 2.4　物料火災危險標誌圖

習 題

1. 何謂 GHS？其產生緣由？與原危害通識制度差異如何？
2. 目前哪些化學物質依規定應予標示？
3. 試列舉危害通識教育訓練課程內容。
4. 試列舉聯合國危險物運輸專家委員會對危害物之九大分類。
5. 試就下列物質標示其圖示：硝酸、石綿、氯、氨、二硫化碳、苯、丙烯腈。
6. 試列舉危害物質清單之內容。
7. 試以一簡圖說明美國國家防火協會的標準識別系統對危險物質之分類並說明之。
8. 試列舉未依《危害性化學品標示及通識規則》規定辦理相關事項之罰則。
9. 雇主對裝有危害性化學品之容器在何情況下，可以設置公告板代替之。
10. 試說明危害通識制度之意義？其推動措施為何？
11. 解釋下列名詞：
    (1) 最低著火能量(Minimum Ignition Energy)。
    (2) 發火溫度（著火溫度）（Ignition Temperature 或 Autoignition Temperature）。
12. 職安法新增化學品源頭管理制度其主要內容為何？
13. 試舉五項具有危害圖示為「驚嘆號」之危害分類。

勵志小語

態度很重要

- 如果將字母 A 到 Z 分別編上 1 到 26 的分數
  你的知識(Knowledge)會得 96 分
  你的努力(Hardwork)會得 98 分
  而你的態度(Attitude)將會是 100 分
  所以你對事情之態度或反應才是決定你一生成敗之關鍵。
  神的愛(Love Of God)會得幾分？
- 你不能決定生命長短，但你可以控制它的寬度。
- 你不能左右天氣，但你可以改變心情。
- 你不能改變容貌，但你可以展現笑容。
- 你不能控制他人，但你可以掌握自己。
- 你不能預知明天，但你可以利用今天。
- 你不能樣樣勝利，但你可以事事盡力。
- 如果人生給你的是一堆檸檬，你就把它榨成檸檬汁。
- 兩個人同時向窗外看，一個人看到汙泥，另一個人看到星星，你會看到什麼？

第三章

安全資料表

安全資料表簡稱 SDS(Safety Data Sheet)，由於其簡明扼要記載危害性化學品的特性，故亦稱之為「化學品的身分證」。它是化學物質的說明書，是化學物質管理的基本工具，也是一份提供化學物質資訊之技術文獻。其內容廣泛，表 3.1 所示為通識規則修正後安全資料表之 16 項內容包括：

1. 物品與廠商資料。
2. 危害辨識資料。
3. 成分辨識資料。
4. 急救措施。
5. 滅火措施。
6. 洩漏處理方法。
7. 安全處置與貯存方法。
8. 暴露預防措施。
9. 物理及化學性質。
10. 安定性及反應性。
11. 毒性資料。
12. 生態資料。
13. 廢棄物處置方法。
14. 運送資料。
15. 法規資料。
16. 其他資料。

表 3.1 安全資料表內容

1. 物品與廠商資料	(1) 製造商或供應商名稱、地址。 (2) 物品名稱。 (3) 緊急聯絡電話。 (4) 傳真電話。 (5) 建議用途及限制使用。
2. 危害辨識資料	(1) 健康危害效應。 (2) 主要症狀。 (3) 物品危害分類。 (4) 標示內容 (5) 其他危害。
3. 成分辨識資料	(1) 物品中（英）文名稱。 (2) 同義名稱。 (3) 危害性成分。 (4) 化學文摘社登記號碼(CAS.No.)。
4. 急救措施	(1) 不同暴露途徑急救方法。 (2) 最重要症狀及危害效應。 (3) 對急救人員之防護。
5. 滅火措施	(1) 適用滅火劑。 (2) 滅火時，可能遭遇之特殊危害。 (3) 特殊滅火程序。 (4) 消防人員之特殊防護設備。
6. 洩漏處理方法	(1) 個人應注意事項。 (2) 環境注意事項。 (3) 清理方法。
7. 安全處置與貯存方法	(1) 處置。 (2) 貯存。

表 3.1　安全資料表內容（續）

8. 暴露預防措施	(1) 工程控制。 (2) 控制參數。 (3) 個人防護具。 (4) 衛生措施。
9. 物理及化學性質	(1) 物質狀態。 (2) 形狀。 (3) 顏色。 (4) 氣味。 (5) pH 值。 (6) 沸點。 (7) 閃火點。 (8) 自燃溫度。 (9) 爆炸界限。 (10) 蒸氣壓。 (11) 蒸氣密度。 (12) 密度。 (13) 溶解度。
10. 安定性及反應性	(1) 安定性。 (2) 特殊狀況下可能之危害反應。 (3) 應避免之狀況。 (4) 應避免之物質。 (5) 危害分解物。
11. 毒性資料	(1) 急毒性。 (2) 局部效應。 (3) 致敏感性。 (4) 慢毒性或長期毒性。 (5) 特殊效應。
12. 生態資料	可能之環境影響／環境流布。

表 3.1 安全資料表內容（續）

13. 廢棄物處置方法	廢棄物處置方法。
14. 運送資料	(1) 國際運送規定。 (2) 聯合國編號。 (3) 國內運輸規定。 (4) 特殊運送方法及注意事項。
15. 法規資料	適用法規。
16. 其他資料	(1) 參考文獻。 (2) 製表者單位。 (3) 製表人。 (4) 製表日期。 (5) 備註。

3.1 物品與廠商資料

一、製造商

係指製造危害性化學品供批發、零售、處置或使用之事業單位。

二、供應商

係指輸入、輸出、批發或零售危害物質之事業單位。

三、供應商電話

當由製造商或供應商獲得 SDS 時，雇主應先檢視此部分資料與產品標示上的廠商名稱、地址、電話是否相符。

3.2 危害辨識資料

一、健康危害效應

係指暴露於化學品所引起的有害生物效應，它是身體受刺激而反應的現象，並非一個不變的常數（例如沸點、熔點），舉凡物質本身的特性、暴露情況（包括暴露量與時間）與暴露者本身的因素等，都會影響物質對身體造成的危害效應。健康危害效應又可分為急性與慢性。急性效應多為短時間(約數分鐘至數小時）高濃度暴露所引起。當一次較大量的暴露即造成系統性的損害，產生臨床現象或死亡者，稱為急性中毒。一般為具有刺激性或腐蝕性的物質或毒劑。慢性效應則多指長時間（數月至數年）濃度的暴露。由於有毒物質重覆暴露後，因少量毒性物質未能完全排出體外，逐漸累積至某一程度而造成系統破壞的結果。一些過敏源、致癌性或生殖毒性的物質所引起的健康危害屬於此類，也會對神經、肝、腎及肺功能造成慢性毒害。

二、主要症狀

係指暴露於某危害性化學品後，身體可能產生不適的現象。徵兆(Symptoms)是患者主觀的感覺，如痛、癢、無力等。而症狀(Signs)則是旁人可觀察的客觀現象，如發燒、紅腫、黃疸、水腫等。因此員工如熟悉安全資料表記載之各種症狀或徵兆，有助於職業疾病的及早發現與治療。

三、物品危害分類

係指物質的危害特性分類與分組。例如：無機過氧化物，雖然它本身未必會燃燒，卻能放出氧，可能引起或幫助其他物質燃燒，而造成危害。所在分類上歸為第五類的 5.1 組「氧化性物質」。而有機過氧化物則結構中含有-O-O-鍵結，受熱會不穩定，可自行放熱並加速裂解，危害特性不相同，故雖同為第五類，但另歸為 5.2 組「有機過氧化物」。因此由物質的危害性分類可知其主要危害特性。

四、所需圖示種類

係指物質在標示中應依分類而貼示的圖表。例如：爆炸性物質以炸彈爆炸作為象徵符號，而一些非易燃性氣體，例如：氧氣、二氧化碳、氮氣等壓縮氣體，由於通常它們都壓縮充填在鋼瓶中以便運輸，因此用氣體鋼瓶作為象徵符號。

3.3 成分辨識資料

一、物品中文名稱與同義名稱

若為純物質，物品中文名稱可沿用《危害性化學品標示及通識規則》中所列舉之物質名稱，否則可用產品名稱。

同義名稱係指異於「物品中文名稱」的其他稱呼，盡可能將同義名稱列出，可大為提高查詢的方便性。

二、危害物質成分

對於含有危害性化學品之混合物，宜作整體測試。如判定為具危害性者，依《危害性化學品標示及通識規則》應在 SDS 的危害性成分欄中列出該危害性成分之化學與同義名稱。

三、化學文摘社登記號碼(CAS. NO.)

美國化學文摘社(Chemical Abstracts Service)在編製化學摘要(CA)時，為便利確認同一種化學物質，故對每一個化學品編訂註冊登記號碼(CAS. NO.)，一個號碼只代表一種化學物，若有異構物則給予不同編號，已適用於國際上。

3.4 急救措施

係指對於遭傷病患者，在就醫診治前所給予緊急處理或照料，以減緩其病痛或症狀。處理的方式因物質暴露與其進入患者的途徑而異，因此往往需分別依吸入、接觸或吞食情況來因應，緊急處理的第一個步驟都是將患者安全地移離汙染源。所以在吸入狀況下，第一件事是「將患者移至新鮮空氣處」，若皮膚或眼睛接觸時，首先便要拭除或立即清水沖洗 20 分鐘以除去汙染物。

3.5 滅火措施

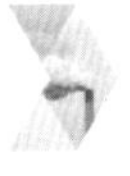

一、適用滅火劑

係指適於撲滅火災的滅火劑。常用的滅火劑包括：水、泡沫、二氧化碳、鹵化烷（海龍）、乾粉。火災依燃燒物質之不同可分類如表 3.2；而對不同類型的火災，各有其適用的滅火器。如表 3.3 所列。

表 3.2　火災分類

甲(A)類火災	一般可燃性固體，如木材、紙張、紡織品、橡膠等所引起之火災。
乙(B)類火災	可燃性液體，如汽油、溶劑、燃料油、酒精、油脂類與可燃性氣體，如液化石油氣等引起之火災。
丙(C)類火災	通電之電氣設備所引起之火災，必須使用不導電之滅火器以撲滅者。電源切斷後視同甲、乙類火災處理。
丁(D)類火災	可燃性金屬，如鉀、鈉、鋰、鎂、鈣等引起之火災，必須使用特種化學乾粉以撲滅者。

表 3.3　滅火劑之滅火效能

	水	泡沫	二氧化碳	鹵化烷	乾粉		
					ABC 分類	BC 分類	D 類
A 類火災	○	○			○		
B 類火災		○	○	○	○	○	
C 類火災			○	○	○	○	
D 類火災							○

註：① ○記號表示適合。
② 於斷電後，水霧亦可用 BC 類火災。
③ 乾粉 BC 類包括普通、紫焰、氯化鉀乾粉；ABC 類包括多效乾粉及泡沫配合乾粉。
④ D 類火災可使用無水氯化鈉、乾沙及乾蘇打粉滅火。

二、特殊滅火程序

係指進行滅火時，為能有效滅火並得以保護陷於火場中的人員與消防人員，以及盡可能降低對環境的影響與財產損失所應採取的滅火步驟。例如：對於易燃性氣體，因其極易燃燒，與空氣混合又可能具有爆炸性，且易於再點燃，所以在滅火前應先設法在安全情況下阻斷其氣體繼續洩出。而對於高毒的揮發性物質起火時，就必須先將火災附近的人員撤離，再於安全的距離處進行滅火，同時亦應設法冷卻火場中盛裝此物質的容器，以避免其受熱破裂而釋放出高毒性物質。

三、滅火時可能遭遇之特殊危害

在參考 SDS 記載之滅火材料的選用及特殊滅火程序時，仍須配合現場狀況，並以專業人員的判斷為準。同時應注意不可燃的物質，未必代表沒有火災、爆炸的危害。例如：硫酸，雖不可燃，但反應性極高，碰水可產生足量的熱，而與金屬也可反應生成易燃性的氫氣，皆可引起火災。

四、消防人員之特殊防護設備

在滅火程序中尚須參考物質的「反應特性」資料。考慮是否已將不相容物隔離完善，例如：以水滅火時，應先將禁水性物質隔離，以免引起意外劇烈的反應。並在考慮物質的燃燒物或熱分解物，因為某些熱安定性差的物質，在火場中受熱可能與氧反應或自行分解。或許物質本身的危害性很小，但可能其燃燒產物或受熱的分解物卻有爆炸性或劇毒性。因此若貿然衝入火場救援，無異飛蛾撲火，應有特殊的防護裝備與支援，人員才可進行滅火並救援。

3.6 洩漏處理方法

一、緊急應變及個人注意事項

係指一旦物質發生洩漏、外溢時應採取適當安全的應變步驟，包括：

1. 緊急應變人員的防護裝備。
2. 用來中和吸收或控制外洩繼續擴大的物質。
3. 其他特殊的安全步驟，例如：人員必須立在上風處。

在洩漏或外溢緊急狀況下，物質的濃度通常很高，因此緊急應變人員的防護裝備須最為周密，除了應配戴供壓式全面型的自攜式呼吸防護具，也最好以互助支援小組的方式進行處理或救援，避免單槍匹馬進行而喪生險境。

二、清理方法

處理洩漏大致可分為：

1. 建立警戒線(Secure the area)

除了應處理的人員外，勿讓任何人接近洩漏區，應盡可能關閉或熄滅任何火源。在上風位置保持距離。

2. 辨認所看見的

包括(1)地點在哪裡；(2)看見的是火或煙霧，還是泡沫；(3)有沒有什麼味道。並找找看是否有提供危害特性之標籤或告示牌(Placard)或任何可以識別的資料，例如：SDS 或運送聯單等。

3. 阻隔外洩源

以常識判斷，要迅速。例如：要關閉幫浦和相關閥等。必要時，關閉機械生產系統並緊急停車等步驟。

4. 評估現況

(1) 外洩量及目前之外洩速率。
(2) 對現場員工、設備和環境的危害性。
(3) 損害情況是否可以修補？
(4) 是否可以移往其他容器或貯槽內？
(5) 外洩地點之環境情況，外洩物之擴散情況。
(6) 是否可能引發爆炸或火災？
(7) 雨水和風對外洩的可能影響。

5. 因應

採用各種適當的因應方法。

3.7 安全處置與貯存方法

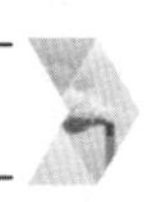

係指在不同的操作與貯存的實務上，可用以降低物質潛在危害的規範與指南。此資料對化學品的使用者、倉貯人員或運送工作皆極重要。在操作實務上，原則是避免直接暴露於此物質，遠離不相容物，以免起危險的反應。而在貯存實務上，原則是分類貯放，勿將物質貯存在不當的場所，以免造成貯存人員或其他使用者受傷，或使物質變性及容器受損。

二氧化碳之含量除受呼吸之影響外，尚有因物質之燃燒而產生，其濃度在 4%時可引起皮膚刺激感、頭痛、耳鳴、悸動、精神興奮等，至 8%時則有顯著呼吸困難，達到 10%時則喪失意識而有生命之危險。

依《缺氧症預防規則》第 5 條之規定，環境中之氧氣濃度應保持在 18%以上。此外，在《礦場職業衛生設施標準》第 7 條規定，在坑內應保持在 19%以上。

一般場所對於空氣之良好與否均以二氧化碳之含量為指標，其原因在於二氧化碳之濃度大致與通風不良引起之溫度、濕度、氣流、惡臭等空氣之綜合條件具有密切之關係，且其測定亦較容易。在我國之勞工作業場所容許暴露標準規定其容許濃度為 5,000ppm。

3.8 暴露預防措施

一、個人防護設備

個人防護設備(Personal Protective Equipment)簡稱 PPE。係指直接穿戴在勞工身上，以防止危害並將受害程度降到最低的一種防護方式。個人防護設備又可分為眼部防護具、呼吸防護具、手部防護具及其他諸如圍裙、工作靴、工作服與特殊護衣（如防火衣及防酸、鹼飛濺附著的衣物）等。在使用個人防護具時，宜作定期測試與保養，以確定其能隨時保持有效狀態，以免不蒙其利反受其害。

二、眼部防護具

係指防護眼睛受到傷害所佩戴的防護用具。依性質、形狀、材質之不同，眼部防護具可有一般的安全眼鏡、防塵護目鏡、防酸鹼護目鏡、遮光眼鏡、焊接用防護墨鏡等等。而為防止作業中臉、頸及頭部造成傷害，可用防護面罩，以同時保護眼睛、臉部及頸部。

三、呼吸防護具

係指在有害之粉塵、霧滴、氣體發生的場所或汙染物濃度過高的環境下，用以過濾、吸收汙染物或輸送乾淨空氣，以防止吸入有害物而造成慢性或直接傷害的肺部防護工具。呼吸防護具的種類多，適用場合也不同，應慎重選擇。在選用呼吸防護具時，至少必須考慮下列幾個問題：

1. 汙染物以何種型態存在？
2. 它有多大的毒性？
3. 當汙染物危害呼吸器官時，能否聞出或測試出此汙染物嗎？
4. 此汙染物的濃度是多少？是否會立即危害健康或生命？
5. 氧的含量是否足夠（少於 18%）？
6. 員工已暴露在此汙染物中多久？

四、使用呼吸防護具時應明瞭下列事項

1. 如何配戴？
2. 如何作密合度測試？
3. 如何清潔與保養？
4. 如何辨別防護具已經失效？

雖然並無一套完美的呼吸防護具可完全防阻所有物質的危害，但若選擇或使用錯誤，非但不能達到防護效果反而帶來更大的危害。例如若空氣中含氧量不足時，就不能使用濾清式口罩，應用供氣式呼吸防護具，以免氧氣不足而喪命。

五、手部防護具與防護衣

係指戴在手上或穿在身上以防止作業中身體受到傷害的防護用具。因作業情況的不同，防護手套及防護衣可分一般作業用、熔接作業用、防酸鹼用、

防靜電用或耐熱用等等。針對不同的化學物質，使用不同的防護材料，其種類繁多，諸如氯丁橡膠、天然橡膠、聚氯乙烯、活化彈性體等。

六、通風設備

係指空氣流動的方法來調整工作場所之空氣，以提高工作環境空氣品質、維護勞工健康、提高工作效率並預防火災及爆炸的方法或設施。其構造、大小和容量種類很多，可分為整體換氣與局部排氣。

(一) 整體換氣

係指自外界導引新鮮空氣進來，以稀釋作業場所中之汙染空氣謂之。通常也泛稱稀釋通風。而形式上若以所使用之動力區分，可分為自然換氣與機械換氣。

自然換氣是指利用外界的自然風力及室內外的溫度差異原理，達到換氣目的，但此方式受制於外界風力及風向，不易控制，亦難以預期其效果。

機械換氣則是用機械、電源為動力，是一種強制換氣的方法。為預防有害物質危害健康，在法規中所稱的整體換氣裝置，皆屬於此種機械換氣。

整體換氣（稀釋通風）僅能將汙染物稀釋，而無法將汙染物排除，因此通常較適合用於下列情況：

1. 低危害性（毒性、火災）汙染物。
2. 汙染物生成量少之環境。
3. 汙染物形成均勻且廣泛時。
4. 發生源距離作業人員呼吸帶遠時。
5. 排放前不須先清洗處理者。

(二) 局部排氣

係指利用動力在汙染發生處或其附近將汙染物予以捕集，並加以處理後才排出至大氣中的一種換氣方式。用此方式排除汙染物效果較佳。局部排氣系統的元件包括氣罩、導管、空氣清淨裝置及排氣機。

七、稀釋通風原則

稀釋通風系統設計之基本原則如下：

1. 選擇適當之稀釋風量。
2. 排氣口盡量靠近汙染源。
3. 進氣口與排氣口的安排應使氣流通過汙染源，操作者則位於進氣口與汙染源之間。
4. 稀釋通風經常使用大風量、低壓風車，若排氣欲循環使用時，需設置空氣處理設備，以確保人員安全。
5. 為確保排氣不致於再度進入作業環境，排氣口需遠離門窗或通風口。

八、在健康上的稀釋通風

為避免遭受健康危害之稀釋通風有下列四點限制因素：

1. 汙染物之產生量不能太大或稀釋之空氣風量必須適當。
2. 工作者必須盡量遠離汙染源，使工作者之暴露濃度不得超過恕限值(TLV)。
3. 毒性汙染物質濃度必須很低。
4. 汙染物之排放速率須均一。

稀釋通風之目的既然是在於將汙染物濃度稀釋至恕限值(TLV)以下，因此須先確定蒸氣產生速率或溶液蒸發速率，而這些數值則應由實驗求得。

九、整體換氣之性能

在理論上應具備：(1)足夠之必要換氣量；(2)換氣應能均勻擴散於工作空間；(3)在呼吸域不應有超過容許暴露標準汙染物質之存在。

(一) 一般換氣量

稀釋室內有害物質於安全上所必要之大氣量稱為換氣量(或稱通風量)。一般室內空氣之良好與否，以二氧化碳濃度為基準，如依此推算時，每小時每人之換氣量可依下式表示：

$$Q = \frac{K}{p-q}$$

K：每小時每人呼出之二氧化碳體積量(m^3)。

p：二氧化碳之容許濃度(=5,000ppm)。

q：新鮮空氣中之二氧化碳濃度(=0.03%~0.04%)。

我國對工作場所之換氣量，則與工作場所之大小一併考慮，《職業安全衛生設施規則》第 312 條規定，其值如表 3.4。

(二) 發生有害氣體或蒸氣時

我國對有害物質之整體換氣性能，在《有機溶劑中毒預防規則》附表四之規定如表 3.5。

表 3.4　勞工工作場所空氣供應量

工作場所每一勞工所占之立方公尺數(M^3)	每分鐘每一勞工所需之新鮮空氣之立方公尺數(M^3/min)
5.7 以下	0.6
5.7~14.2	0.4
14.2~28.3	0.3
28.3 以上	0.14

表 3.5 有機溶劑中毒預防規則附表四之規定

消費之有機溶劑或其混存物之種類	換氣能力
第一種有機溶劑或其混存物	每分鐘換氣量＝作業時間內一小時之有機溶劑或其混存物之消費量×0.3
第二種有機溶劑或其混存物	每分鐘換氣量＝作業時間內一小時之有機溶劑或其混存物之消費量×0.04
第三種有機溶劑或其混存物	每分鐘換氣量＝作業時間內一小時之有機溶劑或其混存物之消費量×0.01

註： 表中每分鐘換氣量之單位為立方公尺，作業時間內一小時之有機溶劑或其混存物之消費量之單位為公克。

另在《鉛中毒預防規則》第 30 條規定：「雇主於勞工從事第 3 條第 11 款中規定之作業場所而設置之整體換氣裝置，其換氣能力應為平均每一從事鉛作業勞工每小時 100 立方公尺以上。」

特定化學物質作業場所整體換氣裝置之能力，以「能將各該氣體、燻煙、蒸氣稀釋至容許濃度值以下之風量」。

(三) 理論換氣量

$$Q(\mathrm{m^3/min})=\frac{1{,}000\times W(\mathrm{g/hr})}{60\times C(mg/m^3)}$$

$$Q(\mathrm{m^3/min})=\frac{24.45\times 10^3\times W(g/hr)}{60\times M\times C'(ppm)}$$

$$Q(\mathrm{m^3/min})=\frac{24.45\times 10^3\times W(g/hr)}{60\times M\times \dfrac{LEL(\%)\times 10^4}{K}}$$

$$Q(\mathrm{m^3/min})=\frac{H(kcal)}{0.3\times(t_i-t_o)}$$

W　：每小時實際蒸發或擴散到空氣中之消費量。

C　：欲控制之汙染物濃度(mg/m^3)。

C'　：欲控制之汙染物濃度(ppm)。

M　：汙染物之分子量。

LEL：爆炸下限或燃燒下限(%)。

K　：安全係數。

H　：總放出熱量(kcal)。

t_i　：室內溫度。

t_0　：稀釋後空氣之溫度。

$H=MST=Q\times$比重$\times S$（比熱）$\times$溫度$=Q\times 1.2\times 0.24\times(t_i-t_0)$
$=0.3\times Q\times(t_i-t_0)\rightarrow Q=H/0.3(t_i-t_0)$

例題一

某工廠每天作業八小時，使用二桶（每桶 4Kg）二甲苯，設二甲苯之爆炸下限(LEL)為 0.3%，如果想將作業空間之二甲苯濃度控制在 LEL 的 30% 以下，其換氣量應是多少 m^3/min？二甲苯分子量 107。（82 年衛生管理甲級技術士術科考題）

解

$W=$排放量$=2\times 4\times 1000/8/60=16.67$g/min

$C=0.3\times 30\%=0.3\times 10^4ppm\times 30\%$

$=900$ppm

$=900\times 107/24.5$mg/m^3

$Q=W/C=16.67\times 10^3/(900\times 107/24.5)=4.23$m^3/min

例題二

室內 20 人，其 CO_2 排出量共 $0.6m^3/hr$，若 CO_2 之 TWA-PEL 為 5,000ppm，新鮮空氣 CO_2 濃度 300ppm，則需多少新鮮空氣稀釋才能符合法令規定？

$$0.6(m^3/hr)/Q(m^3/min)=(5000-300)ppm=4700ppm$$

$$\rightarrow Q=0.6(m^3/hr)/(4700\times10^{-6})=2.13m^3/min$$

例題三

有一辦公室屬中度工作，於行走中提或推一般物體，每一男工所排放之 CO_2 為 0.028g/hr，男工共計 10 人，需多少換氣量？

$$W=0.028\times10=0.28g/hr=0.28\times10^3mg/60\text{ 分}$$

$$5000-300=4700ppm=4700\times44/24.5=8440.82mg/m^3$$

$$Q=W/C=0.28\times10^3/(60\times8440.82)m^3/\text{分}$$

$$=0.55\times10^{-3}m^3/\text{分}$$

例題四

若室內發熱源發熱速率為 1,000kcal/hr，此時溫度為 30°C，若要將之降至 25°C，則需多少新鮮空氣來冷卻？（外面新鮮空氣溫度=20°C）空氣密度：1.2kg/m^3，空氣比熱：0.24。

$$Q=\frac{H}{0.3\times(T_i-T_o)}=\frac{1000}{0.3\times(30-25)}=666.7\text{m}^3/\text{hr}$$

$$=11.1\text{m}^3/\text{min}$$

例題五

甲基氯仿在槽中蒸發速率為 0.0120 1/min，其 TLV=350 ppm、密度 1.32 kg/1、分子量 133.4，求欲使其蒸氣濃度在 TLV 時所需之 Q？

$Q=W/C\rightarrow \text{W}=0.0120\ 1/\text{min}\times1.32\ \text{kg}/1=0.0158\text{kg/min}$

$C=\text{TLV}=350\text{ppm}=350\times133.4/24.5\text{mg/m}^3=1905.7\text{mg/m}^3$

$\rightarrow Q=0.0158\times10^6(\text{mg/min})/1905.7(\text{mg/m}^3)$

$=8.3\text{m}^3/\text{min}$

十、局部排氣(Local Exhaust Ventilation, LEV)

一般汙染工作場所空氣之有害物質（稱汙染物質）均以較高濃度發生於發生源後逐漸飛散或擴散而汙染其周圍之清潔空氣（非汙染空氣），之後次第降低其濃度廣泛擴散於工作場所，最後汙染整個工作場所中之空氣。

稱「局部排氣」，乃對上述汙染工作環境之空氣，在「高濃度下發生之汙染空氣未被混合分散於清潔空氣前，利用吸氣氣流將汙染空氣於高濃度狀態下，局部性地予以捕集排除，進而清淨後放出於大氣」之換氣方式。

就局部排氣與整體換氣比較，前者對於排除汙染物之效果顯著較高且較為經濟。因此，對粉塵、氣體、蒸氣、煙霧等汙染物實施換氣時，首先考慮設置局部排氣裝置之可行性。局部排氣裝置係由氣罩、吸氣導管、空氣清淨裝置、排氣機、排氣導管及排氣口等所構成，如圖 3.1 所示，分述如下：

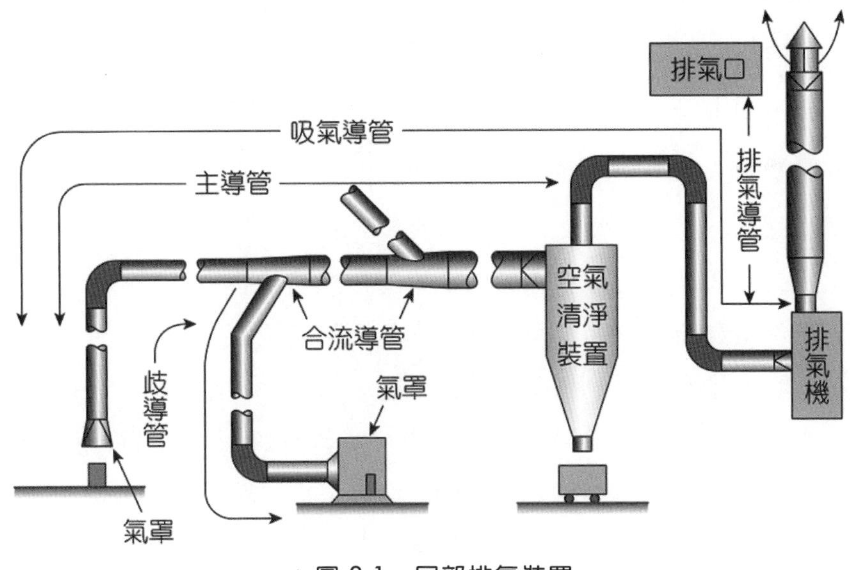

▲圖 3.1　局部排氣裝置

(一) 氣　罩

氣罩係指「包圍汙染物發生源設置之圍壁，或於無法包圍時盡量接近於發生源設置之開口面，使其產生吸氣氣流引導汙染物流入其內部之局部排氣裝置之入口部分」。氣罩依發生源與氣罩之相關位置及汙染物之發生狀態，可分多種，其中以包圍式氣罩最為有效。

(二) 導　管

導管包括汙染空氣自氣罩空氣清淨裝置至排氣機之運輸管路（吸氣導管）及自排氣機至排氣口之搬運管路（排氣導管）之兩大部分。

導管除應充分考慮其排氣量外，並應充分考慮汙染氣流流經導管時產生之壓力損失，以決定其斷面積與長度。斷面積較大時雖其壓力損失較低，但流速亦隨之減少，致粉塵等易於積滯沉著於導管內。

(三) 空氣清淨裝置

空氣清淨裝置係由吸氣捕集空氣汙染物質排出於室外前，以物理或化學方法自氣流中予以去除之裝置。空氣清淨裝置有去除粉塵、塵埃等之除塵裝置及去除氣體、蒸氣等之廢氣處理裝置。

1. 除塵裝置

(1) 重力沉降室：係以重力方式使粉塵自然墜落者。

(2) 慣性集塵機：係將含有粉塵之空氣衝擊於板面，利用慣性集塵者。

(3) 離心分離後：係利用離心力分離者。

(4) 濕式集塵機：係噴射液體於粉塵，使其濕潤、凝集後併用分離方式等其他除塵設備除塵者。

(5) 靜電集塵機：係利用靜電使粉塵附著於電極者。

(6) 袋式濾塵機：使用濾布等去除粉塵者。

2. 廢氣處理裝置

(1) 充填塔（吸收塔）：係使用吸附劑（苛性鈉）或吸附劑（活性碳）等吸收廢氣者。

(2) 焚燒爐：係將廢氣於高溫爐中予以焚燒者。

在局部排氣裝置中，如省略空氣清淨裝置之設置，而將汙染空氣排出於大氣，則易造成公害，且排出之廢氣仍有再度流入室內之虞。因此，空氣清淨裝置為一不可或缺之設施。

(四) 排氣機

排氣機為局部排氣裝置之動力來源，其功能在使導管內外產生不同之壓力以此帶動氣流。一般常用之排氣機有軸流式與離心式二種。前者排氣量大、靜壓低、形體較小、可置於導管內，適於低靜壓局部排氣裝置。後者有自低靜壓至高靜壓範圍，但形體較大為其缺點。

(五) 局部排氣裝置之性能（控制風速）

將於飛散界限或自汙染源至飛散點間之某點（控制點或面）之汙染物，捕集所必要之最小吸氣氣流速度稱「控制風速」，也為判定局部排氣裝置良窳之準繩。

必要之控制風速視汙染物比重、擴散能、擴散方向、有害性及周圍之氣流速度而定。一般控制風速可依法令之規定選擇，法令未規定者則可依文獻或自行試驗而得。

十一、通風設備之裝設要領

(一) 局部排氣裝置

1. 氣罩應設置於每一有害物質發生源（《有機溶劑中毒預防規則》第 12 條第 1 款、《鉛中毒預防規則》第 24 條第 1 款、《特定化學物質危害預防標準》第 17 條第 1 款、《粉塵危害預防標準》第 16 條第 1 款）。
2. 外裝式氣罩應盡量接近有害物質發生源（《有機溶劑中毒預防規則》第 12 條第 2 款、《鉛中毒預防規則》第 24 條第 3 款、《特定化學物質危害預防標準》第 17 條第 1 款、《粉塵危害預防標準》第 16 條第 1 款）。

3. 氣罩應視作業方法及有害物質散布狀況選擇適於吸引該有害物質之形式與大小（《有機溶劑中毒預防規則》第 12 條第 3 款、《鉛中毒預防規則》第 24 條第 2 款）。
4. 應盡量縮短導管之長度、減少彎曲數目（《有機溶劑中毒預防規則》第 12 條第 4 款、《特定化學物質危害預防標準》第 17 條第 2 款、《粉塵危害預防標準》第 16 條第 2 款）。
5. 導管內部構造應易於清掃及測定，並於適當位置開設清潔孔及測定孔（《有機溶劑中毒預防規則》第 12 條第 4 款、《鉛中毒預防規則》第 25 條、《特定化學物質危害預防標準》第 17 條第 2 款、《粉塵危害預防標準》第 16 條第 2 款）。
6. 排氣機應置於空氣清淨裝置後之位置（《有機溶劑中毒預防規則》第 13 條第 1 項、《鉛中毒預防規則》第 27 條第 1 項、《特定化學物質危害預防標準》第 17 條第 3 款、《粉塵危害預防標準》第 16 條第 3 款）。
7. 排氣口應置於室外（《鉛中毒預防規則》第 28 條、《特定化學物質危害預防標準》第 17 條第 4 款、《粉塵危害預防標準》第 16 條第 4 款）。
8. 排氣口應直接向大氣開放，並應使排出物不致回流至作業場所（《有機溶劑中毒預防規則》第 13 條第 3 項）。
9. 裝置應置於排氣不受阻礙之處，使之有效運轉（《有機溶劑中毒預防規則》第 16 條第 2 項、《鉛中毒預防規則》第 31 條第 2 項、《特定化學物質危害預防標準》第 17 條第 7 款、《粉塵危害預防標準》第 17 條第 2 項）。
10. 作業時間內不得停止運轉（《有機溶劑中毒預防規則》第 16 條第 1 項、《鉛中毒預防規則》第 31 條第 1 項、《特定化學物質危害預防標準》第 17 條第 6 款、《粉塵危害預防標準》第 17 條第 1 項）。

11. 應具備必要之性能（《有機溶劑中毒預防規則》第 14 條、《鉛中毒預防規則》第 29 條、《特定化學物質危害預防標準》第 17 條第 5 款以及《粉塵危害預防標準》第 7、8、9 條）。

(二) 整體換氣裝置

1. 送風機、排氣機或其導管開口部應盡量接近有害物質發生源（《有機溶劑中毒預防規則》第 13 條第 2 項、《鉛中毒預防規則》第 27 條第 2 項）。
2. 排氣口應置於室外（《鉛中毒預防規則》第 28 條）。
3. 排氣口應直接向大氣開放，並應使排出物不致回流至作業場所（《有機溶劑中毒預防規則》第 13 條第 3 項）。
4. 裝置應置於換氣不受阻礙之處，使之有效運轉（《有機溶劑中毒預防規則》第 16 條第 2 項、《鉛中毒預防規則》第 31 條第 2 項、《粉塵危害預防標準》第 17 條第 2 項）。
5. 作業時間內不得停止運轉（《有機溶劑中毒預防規則》第 16 條第 1 項、《鉛中毒預防規則》第 31 條第 1 項、《粉塵危害預防標準》第 17 條第 1 項）。
6. 應具備必要之換氣能力（《有機溶劑中毒預防規則》第 15 條、《鉛中毒預防規則》第 30 條）。

(三) 吹吸型換氣裝置

1. 排氣口應直接向大氣開放，並應使排出物不致回流至作業場所（《有機溶劑中毒預防規則》第 13 條第 3 項）。
2. 裝置應置於使排氣或換氣不受阻礙之處，使之有效運轉（《有機溶劑中毒預防規則》第 16 條第 2 項）。
3. 作業時間內不得停止運轉（《有機溶劑中毒預防規則》第 16 條第 1 項）。
4. 應具備必要之性能（《有機溶劑中毒預防規則》第 14 條）。

(四) 排氣煙囪

1. 排氣口應置於室外（《鉛中毒預防規則》第 28 條）。
2. 排氣口應直接向大氣開放，並應使排出物不致回流至作業場所（《有機溶劑中毒預防規則》第 13 條第 3 項）。
3. 應置於使排氣不受阻礙之處，使之有效運轉（《鉛中毒預防規則》第 31 條第 2 項）。
4. 作業時間內不得停止運轉（《鉛中毒預防規則》第 31 條）。
5. 應具備必要之性能（《鉛中毒預防規則》第 29 條第 1 項）。

十二、通風設備之自動檢查

(一) 局部排氣裝置等之定期檢查

《職業安全衛生管理辦法》第 40 條規定：雇主對局部排氣裝置，空氣清淨裝置及吹吸型換氣裝置應每年依下列規定定期實施檢查一次：

1. 氣罩、導管及排氣機之磨損、腐蝕、凹凸及其他損害之狀況及程度。
2. 導管或排氣機之塵埃聚積狀況。
3. 排氣機之汽油潤滑狀況。
4. 導管接觸部分之狀況。
5. 連接電動機與排氣機的皮帶之鬆弛狀況。
6. 吸氣及排氣之能力。
7. 其他保持性能之必要事項。

此外，在《有機溶劑中毒預防規則》第 16 條、《鉛中毒預防規則》第 40 條、《特定化學物質危害預防標準》第 38 條、《四烷基鉛中毒預防規則》第 21 條、《粉塵危害預防標準》第 21 條等均有相似之規定。

(二) 空氣清淨裝置之定期檢查

《職業安全衛生管理辦法》第 41 條規定：雇主對設置於局部排氣裝置內之空氣清淨裝置，應每年依下列規定定期實施檢查一次：

1. 構造部分之磨損、腐蝕及其他損壞之狀況及程度。
2. 除塵裝置內部塵埃堆積之狀況。
3. 濾布式除塵裝置者，其濾布之破損及安裝部分鬆弛之狀況。
4. 其他保持性能之必要措施。

此外，在《鉛中毒預防規則》第 40 條、《特定化學物質危害預防標準》第 38 條、《粉塵危害預防標準》第 21 條等均有相似之規定。

(三) 局部排氣裝置等之重點檢查

《職業安全衛生管理辦法》第 45 條規定：雇主對局部排氣裝置或除塵裝置，於開始使用、拆卸、改裝或修理時，應依下列規定實施重點檢查：

1. 導管或排氣機粉塵之聚積狀況。
2. 導管接觸部分之狀況。
3. 吸氣及排氣之能力。
4. 其他保持性能之必要事項。

此外，在《有機溶劑中毒預防規則》第 17 條、《鉛中毒預防規則》第 41 條、《四烷基鉛中毒預防規則》第 22 條、《特定化學物質危害預防標準》第 38 條、《粉塵危害預防標準》第 22 條等均有相似規定。

(四) 作業檢點

《職業安全衛生管理辦法》第 64 條規定：雇主使勞工從事下列有害物質作業時，應使該勞工就其作業有關事項實施檢點：

1. 有機溶劑作業。
2. 鉛作業。
3. 四烷基鉛作業。
4. 特定化學物質作業。
5. 粉塵作業。

此外，上述各項作業，雇主對於前列各款規定事項，應採取下列必要措施：

1. 每週應對有害物質作業之室內作業場所及貯槽等之作業場所檢點一次以上，於有中毒之虞時，應即採取必要措施。
2. 預防發生有害物質中毒之必要注意事項，應通告全體有關之勞工。
3. 檢點結果將有關通風設備運轉狀況、勞工作業情形、空氣流通效果及有機溶劑或其混存物使用情形等記錄。

十三、個人衛生

係指工作時個人應維持良好的衛生習慣。而綜合個人衛生應遵循的事項為：

1. 處理此物後須徹底洗手。
2. 工作場所嚴禁吸菸或飲食。
3. 工作後盡速脫掉汙染之衣物，洗淨後才可穿或丟棄。
4. 須告知洗衣人員汙染物之危害性。
5. 維持良好的作業清潔。

十四、暴露預防

預防化學品過量暴露最根本的方法是採用危險性較低的化學品或製程，例如：密閉或隔離危害因素、遙控操作或自動化設備。其次是以工程控制，例如：以通風設備改善作業環境。最後才是使用個人防護設備。

十五、容許濃度

係指作業環境空氣中危害性化學品可容許的暴露濃度之閾值，及保護勞工不受有害物質影響的法令管制標準。單位可用 ppm 或 mg/m^3 表示，一般氣狀物質之容許濃度以 ppm 表示，粒狀物則以 mg/m^3 為主。

容許濃度有三種閾值：

1. 八小時時量平均容許濃度(PEL-TWA)

PEL-TWA(Time-Weighted Average)係指在每天工作八小時，一般勞工重覆暴露此濃度下，不致於有不良反應。

2. 短時間時量平均容許濃度(PEL-STEL)

PEL-STEL(Short-Term Exposure Limit)係指一般勞工連續暴露在此濃度以下任何 15 分鐘，不致有不可忍受之刺激、慢性不可逆之組織病變、麻醉昏暈作用事故增加之傾向或工作效率之降低。

3. 最高容許濃度(PEL-CEILING)

PEL-CEILING 係指不得使一般勞工有任何時間超過濃度的暴露，以防勞工產生不可忍受之刺激或生理病變者。若容許濃度有註明「皮」字，表示物質容易從皮膚黏膜滲入體內；若容許濃度有註明「瘤」字，表示此物質經證實或疑似對人類會引起腫瘤之物質。

3.9 物理及化學性質

3.9.1 內容與目的

這部分內容應包含物質的狀態、pH 值、顏色及氣味與沸點、熔點、蒸氣密度、比重、揮發速率、水中溶解度等物理與化學性質資料，目的在協助使用辨別此物質之外貌並了解其特性，以作為平常處理與緊急狀況應變時之參考。

3.9.2 使用說明與建議

一、物質狀態

係指此物質在常溫常壓（一般指室溫、一大氣壓）下存在的狀態，包括氣體、固體或粉末、液體或糊狀物。糊狀物乃是黏稠性很高的液體，而粉末則是顆粒很小的固體。某些物質以粉末狀態存在，其特性可能全然改變。例如：鋁是地殼上最豐富的金屬，其表面和空氣接觸後，會引起氧化放熱反應成穩定的氧化鋁表層，阻隔了氧氣和金屬的繼續接觸，因而使得鋁塊呈安定狀態。但若是細微的鋁粉飄散在空氣中，會因鋁粉和空氣接觸反應的總面積增加，致使反應熱可能無法快速散去，而引起爆炸。因此鋁粉在法規中列為自燃物質。

二、pH 值

係物質酸鹼性的一種表示法，以數字 0~14 表示物值的酸鹼性強度。pH 值低於 7 者表示酸；pH 值高於 7 者表示鹼。一般所謂強酸之 pH 值約 0~3，強鹼 pH 值約為 11~14。強酸和強鹼一般對材料均具腐蝕性，若接觸人體也會產生刺激性傷害或腐蝕。

三、顏　色

係指物質的外表特徵，例如：顏色（包括無色）、表面的質地或樣態（如油滑、柔軟、蠟狀）與物質聚集的程度（如細粒、薄層、顆粒）。

四、氣　味

係指物質的味道（如杏仁味、水果味、嗆鼻味、甜味）、嗅味強度（如濃烈、中等、輕微、稀薄）、嗅味好壞（如令人不愉快或不快）與嗅味的刺激性。

五、沸　點

係指液體變成氣體的溫度，可用攝氏(°C)或華氏(°F)溫度表示。通常在一大氣壓(760mmHg)下測得，此數據非常重要，因為液體變成氣體後，體積劇烈驟增，在密閉空間有爆炸的危險。因此貯存液體必須注意其貯存溫度須在物質的沸點之下。且沸點越低，越容易揮發，危險也越大，越需存在陰涼處或冷凍櫃中。

六、熔　點

係指物質由固體變成液體的溫度，亦可用°C 或°F 表示，但通常是一大氣壓下的數據。因固體變液體時通常體積會變大，故也能因此造成容器破裂。

七、蒸氣壓

係指 20°C 或其特定溫度下，密閉容器中液體或揮發性固體（例如碘）表面的飽和蒸氣所產生的壓力。單位以毫米汞柱(mmHg)或以 psi 表示。換算公式如下：

14.7psi=1atm=760mmHg

物質的蒸氣壓越高，表示其越容易形成蒸氣，若在密閉空間或通風不良地區，其危險性也越高，因為濃度可能達中毒或爆炸界限的範圍。常溫常壓下物質在空氣中的飽和蒸氣濃度，可用以下公式粗略估計：

$$濃度(ppm)=蒸氣壓(mmHg)\times 10^6/760$$

八、蒸氣密度（空氣=1）

係指一定體積的蒸氣或氣體重量與同體積空氣重量的比值，沒有單位。可用下列公式計算：

$$蒸氣密度＝蒸氣或氣體分子量／28.8$$

若蒸氣比重大於 1，表示此物質比空氣重，如氯、二氧化碳；若小於 1，如氨、甲烷，則意味其比空氣輕。在滅火及緊急應變措施時，蒸氣比重仍是一個有用的參數。例如蒸氣比重大於 1 者，往往易在下方沉積，沿著地面傳播，很可能發生回火，使原已控制的火場再度起火。

九、比重（水=1）

係指在特定溫度下，某體積之物質的重量與等體積 4°C 水重的比值，沒有單位。對於不溶於水的物質，若比重大於 1，則會沉在水底，反之則浮於水面。在滅火劑的選擇，比重是一個很好的參數，因為水既便宜又方便，經常用來滅火，但卻未必能立功，因此在考慮是否可用水滅火時，就必須了解起火物質的比重。例如：乙醚，若起火時，用水滅火根本無效，因為乙醚不易溶於水又比水輕（比重約 0.7），會浮在水面上，無法隔絕與空氣的接觸，不能滅火且可能擴大災害。

十、水中溶解度

係指在 20°C 下，飽合水溶液中該物質的重量百分比濃度，單位為%，也就是 100 克水中，可溶解該物質的克數。在火災及外洩等緊急狀況下，水中溶解度可作為選擇滅火劑及清理外洩的參考。越易溶於水，越能稀釋，越可用來滅火。

十一、閃火點

係指能引火性液體蒸發、揮發性固體昇華或可燃性氣體所產生的混合空氣，一接觸火源（明火或火花）就產生小火的最低溫度，可用°C 或°F 表示。此溫度是以密閉測試系統（稱為閉杯法，即"closed-cup"）或非密閉測試系統（稱為開杯法，即"open-cup"）測得。雖然在特定條件下，物質的閃火點理論上是一個固定的物理數值，但實際上若測試方法不同，數值會略有差異。一般而言，用閉杯法則得的數據會較開杯法低，而在相同的測試方法下，閃火點越低，表示其蒸氣越容易引燃，故火災的危險也越大。

十二、爆炸界限

可分為爆炸下限（即 Lower Explosion Limit, *LEL*）及爆炸上限（即 Upper Explosion Limit, *UEL*），係指若易燃性液體蒸氣或可燃性氣體在空氣中的濃度界於此二者之間，一旦有火源，便可能引起火焰燃燒(propagation)，在密閉空間或特殊條件下可能引起爆炸。因此，爆炸界限亦稱燃燒界限。氣體或蒸氣爆炸界限的濃度單位以「%」表示，意指氣體或蒸氣在空氣中所占的體積百分比濃度；而粉塵爆炸界限的濃度單位以"g/m^3"表示，係指粉塵在每立方公尺空氣中的重量多寡。在 *UEL* 以上，氣體、蒸氣或粉塵的含量太多，空氣中的氧氣無法支持其持續燃燒，而在 *LEL* 以下則可燃物（即氣體或蒸氣）或粉塵濃度太少，又不足以持續引起燃燒。故 *UEL* 及 *LEL* 的大小與爆炸範圍是評估及控制火災危害的重要參數，一般是將可燃性氣體濃度控制在

LEL 的 30%以下，以防止火災。爆炸下限越低或爆炸範圍越大，則火災爆炸危險性越高。實務上可將物質之爆炸範圍除上 *LEL*，計算危害指標，指標越大則火災爆炸危害越大。

LEL 之估計乃由可燃性氣體完全燃燒所需之空氣量，換算而得。可燃性氣體或蒸氣在空氣中欲達完全燃燒時，在空氣中所占之體積百分比，此百分比值再乘係數 0.55 即可得 *LEL*，即：

$$LEL = \text{可燃性氣體欲達完全燃燒時，在空氣中所占體積比例} \times 0.55$$

若是二種以上可燃性氣體或蒸氣混存，則其爆炸下限將會改變，其計算公式如下：

$$LEL_T(\%) = \frac{100\%}{\frac{\text{第一種氣體所占體積百分比}}{LEL_1} + \cdots + \frac{\text{第幾種氣體所占體積百分比}}{LEL_n}} = \frac{100\%}{\sum \frac{\text{各氣體所占體積百分比}}{LEL_i}}$$

乙烯之分子式 CH_2CH_2，則爆炸下限約多少？

(1) 先列出乙烯燃燒之化學式。

(2) 計算完全燃燒時乙烯與空氣之體積比。

(3) 乙烯欲完全燃燒時，在空氣中所占之體積百分比×0.55。

$CH_2CH_2 + 3O_2 \rightarrow 2CO_2 + 2H_2O$

欲完全燃燒，乙烯與氧莫耳數比=(1：3)

因氧占空氣之 20%

∴欲完全燃燒乙烯與空氣莫耳數比=1：15

則爆炸下限(*LEL*)=可燃物欲達完全燃燒，在空氣中所占體積比例×0.55

$$=\frac{1}{1+15}\times 100\%\times 0.55=3.4\%$$

Ans：約 3.4%

一混合氣體，甲烷占 80%，乙烯占 20%，該混合氣體於空氣中之爆炸下限是多少？甲烷之 *LEL*=5%，乙烯之 *LEL*=3.4%。

$$LEL_T=\frac{100\%}{\sum\frac{\text{各氣體所占體積百分比}}{LEL_i}}$$

$$LEL_T=$$

$$\frac{100\%}{\frac{\text{第一種氣體所占體積百分比}}{LEL_1}+\cdots+\frac{\text{第幾種氣體所占體積百分比}}{LEL_n}}$$

$$LEL_T=\frac{100\%}{\frac{80}{5}+\frac{20}{3.4}}=4.56(\%)$$

Ans：4.56%

例題八

異丁烷、乙烷及乙酸戊酯之爆炸範圍如下表所列，試以合理方式計算各別物質之危險度或相對危害指數，並列明其相對危險度之大小順序。

物質名稱	爆炸下限(%)	爆炸上限(%)	閃火點(℃)	著火點(℃)
異丁烷	1.8	8.4	81	460
乙烷	3.0	12.4	130	501
乙酸戊酯	1.0	7.1	2.5	360

相對危害指數(HI)=爆炸範圍／爆炸下限

=（爆炸上限－爆炸下限）／爆炸下限

$HI_{異丁烷}=(8.4-1.8)/1.8=3.7$

$HI_{乙烷}=(12.4-3.0)/3.0=3.1$

$HI_{乙酸戊酯}=(7.1-1.0)/1.0=6.1$

相對危險指數越高代表越危險，所以相對危險度大小順序為乙酸戊酯＞異丁烷＞乙烷

3.10 安定性及反應性

一、安定性

係指物質在常溫壓下或預設的貯存、操作之溫度與壓力條件下之穩定狀態，若純物質在物理性的撞擊、震動、壓力或溫度下會產生自發性反應，如聚合、分解、冷凝，則表示此物質不安定。反之，則為安定。

二、危害之聚合

係指物質會聚合而放出過量的熱、壓力或產生其他危險狀況之反應。

三、應避免之狀況

係指會導致物質不安定或產生危害性聚合反應的條件，通常此條件為能提供「能量」以激發物質產生反應或燃燒等現象，例如：光、熱、壓力、撞擊或其他物理性應力。

四、危害分解物

係指物質經久置、受熱、燃燒、氧化或與其他物質反應而生成和原物質不同化學成分且具危害性者。如高毒性、腐蝕性、不安定性、易聚合性、爆炸性、燃燒性等。

五、不相容性（應避免之物質）

係指若與其接觸或混合，會造成危害性反應的物質。例如強酸與強鹼；活性金屬（如鋰、鈉）與水；易燃性物質與氧化劑；鹽酸與氨水；氰化鈉與鹽酸等皆不相容，故應避免摻混。

3.11 毒性資料

一、暴露途徑

物質不論毒性大小，皆必須進入人體與組織接觸，才可能對人體產生作用而造成危害健康的效應。由於進入的途徑不同，物質會經過或到達體內的部位也自然有差別，因而產生的毒性效應也不會一樣。作業場所中的有害物質，至少可經由三個途徑進入人體，即吸入、皮膚接觸及吞食。有些物質可同時經由兩個以上的路徑進入人體。至於何種途徑較主要及何種途徑的危害性最大，則視物質的特性與使用者之體質而定。

二、吸　入

係指物質經由呼吸進入人體，此為工業用化學物質最容易進入人體之途徑，也是最難控制者。因為人人必須呼吸，才能把空氣帶到肺部進行交換作用，而將人體不要的二氧化碳呼出鼻外，讓氧氣經由百萬計的肺泡進入血液，供給人體所需。而所有可以浮游在空氣中的分子或粒狀物質（包括氣體、蒸氣、霧滴、燻煙及粉塵），皆可由呼吸進入人體而造成身體病變。

三、皮膚接觸

係指物質經由皮膚接觸而引起危害的方式。一旦皮膚有損傷或碰到刺激性及可穿透皮膚的物質，仍有很大的機會受到傷害。因而若皮膚與某物質接觸，可能產生下列四種情況：

1. 皮膚是一層有效的障壁，外物無法侵入。
2. 物質與皮膚表面反應而產生刺激作用。
3. 物質穿透皮膚並與組織蛋白結合而引起皮膚炎或皮膚過敏。
4. 物質穿透皮膚並進入血液，可能達到作用器官產生病變，或引起全身性危害反應。

四、吞　食

係指物質經由口腔進入的危害途徑。物質吞食後會進入消化道，可能由消化道吸收而進入血液。但是除非蓄意自殺，否則除了用口呼吸可吃進微量汙染物質或衛生習慣不良外，很少經口進入人體而危害勞工的情況，比起由吸入或皮膚接觸情形，較為罕見。

五、半致死劑量(LD_{50})

係指給予試驗動物組群一定劑量(mg/kg)的化學物質，觀察 14 天，結果能造成半數(50%)動物死亡的劑量稱為 LD_{50}(Median Lethal Dose)單位為 mg/kg，分子為物質的量，分母為試驗動物的體重，表示每公斤試驗動物所暴露的量有多少，由於實驗的結果會因試驗動物種類及試驗方法而異，因此在 LD_{50} 的數據後註明了試驗動物種類以及物質進入動物體內的方式（如餵食、注射、腹腔注射或皮膚接觸等）。

六、半致死濃度(LC_{50})

係指在固定濃度下，暴露一定時間後，觀察 14 天，能使試驗動物群半數(50%)死亡的濃度，亦即 Median Lethal Concentration。單位為 ppm，顯示試驗動物在每立方公尺空氣吸入多少立方公分的物質。同樣的，在 LC_{50} 數據上也註明了實驗動物種類、暴露時間。

動物實驗數據 LD_{50} 及 LC_{50} 可用以比較物質的毒性大小。在同樣的實驗動物種類、試驗方法與吸收途徑下，LD_{50} 及 LC_{50} 的值越低，則物質的毒性越大。然而由於是以動物實驗數據來推測對人的毒性，故毒性分級的標準有多種版本，表 3.6 為一般工業界常用者。

表 3.6　毒性物質之分類

	LD_{50} 大鼠一次呼吸之量 (g/kg)	LC_{50} 6 隻大鼠暴露 4 小時有 2~4 隻死亡之濃度 (ppm)	LD_{50} 大鼠一次經口之量 (g/kg)	對人可能致死之預估量
劇毒 (Extremely toxic)	≤0.001	≤10	≤0.005	微量（1 厘）=0.0648 克
很毒 (Highly toxic)	0.001~0.05	10~100	0.005~0.043	1 茶匙 (4c.c.)
中毒 (Moderately toxic)	0.001~0.05	100~1,000	0.044~0.340	1 盎司 (30gm)

表 3.6　毒性物質之分類（續）

	LD_{50} 大鼠一次呼吸之量 (g/kg)	LC_{50} 6 隻大鼠暴露 4 小時有 2~4 隻死亡之濃度 (ppm)	LD_{50} 大鼠一次經口之量 (g/kg)	對人可能致死之預估量
微毒 (Slightly toxic)	0.05~0.5	1,000~10,000	0.35~2.81	1 品脫 (250gm)
幾乎無毒 (Practically toxic)	0.5~5.0	10,000~100,000	2.82~22.6	1 夸脫（1/4 加侖）
相當無毒 (Relatively toxic)	>15.00	>100,000	>22.6	>1 夸脫

3.12 生態資料

本部分資料主要是提供化學物在環境中的流布及可能之環境影響，包括其在大氣、水體及土壤中之生命期、化學反應及對環境所可能造成之影響。

3.13 廢棄物處置方法

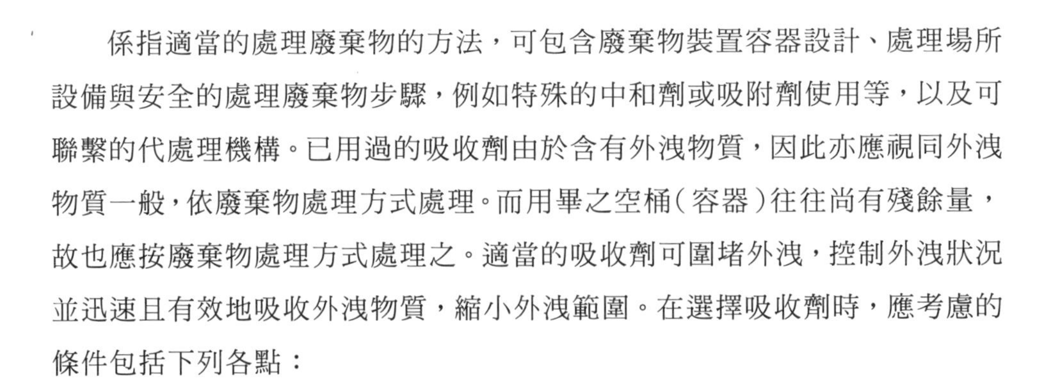

係指適當的處理廢棄物的方法，可包含廢棄物裝置容器設計、處理場所設備與安全的處理廢棄物步驟，例如特殊的中和劑或吸附劑使用等，以及可聯繫的代處理機構。已用過的吸收劑由於含有外洩物質，因此亦應視同外洩物質一般，依廢棄物處理方式處理。而用畢之空桶（容器）往往尚有殘餘量，故也應按廢棄物處理方式處理之。適當的吸收劑可圍堵外洩，控制外洩狀況並迅速且有效地吸收外洩物質，縮小外洩範圍。在選擇吸收劑時，應考慮的條件包括下列各點：

1. 有效而快速

考慮外洩物質的特性，例如是油溶性或水溶性，是否為強酸或強鹼，反應性如何等。

2. 簡單

應取用方便，體積小而重量輕。避免因取用不便而延誤處理時機，或處理後留下問題更多、更大的待處理物品。

3. 可重覆使用

若吸收劑可重覆使用，不僅能節省成本，更可因少用而減少吸收後的處理問題。

4. 易於貯存

若體積小，重量輕則可節省貯存成本。另外亦應考慮其吸收效果不宜久存或環境不良而受影響。

5. 易於處理

使用後的吸收劑宜可用最經濟且方便的方式處理。

廢棄物清理的主要目的在於將廢棄物減量(Reduction)、減害或安定化，如能將物質回收(Recovery)、再利用(Reuse)，則是最符合經濟效益的做法。然而，若無法回收或回收成本過高，則須採用其他方法，包括熱處理法、物理化學處理法（過濾、吸附、凝固、沉澱、氧化、還原……等）、生物處理法及掩埋法。

1. 再回收：係指將清除收集的外洩物在未破壞下予以收集再利用的方法。
2. 熱處理法：主要係用焚化處理或熱解法破壞化合物的結構，以減少體積及毒性。

3. 掩埋法：一般又可分為安定掩埋法、衛生掩埋法及封閉掩埋法，其中衛生掩埋法係廢棄物之中間處理及最終處置法。它是一種不產生公害，而且對公眾健康及安全不致造成危害的廢棄物處理法，此法係指將廢棄物掩埋在由不透水材質或低滲水性土壤結構，並設有滲出水、廢氣收集或處理設備及地下水監測裝置之掩埋場處理方法。

4. 部分事業廢棄物在最終處理前必須先經物理、化學、生物、焚化等中間處理方法，將有害成分去除、分離固定或安定。

3.14 運送資料

一、聯合國編號(UN. NO.)

係指聯合國編定的危害物質登錄號碼，一個號碼可能為單一物質也可能為一類物質，以過氧化物為例，像過氧化鋇、過氧化鈣等各有其自己的 UN 編號，如表 3.7，但其他沒有特定 UN 編號之過氧化物則共用一個編號，列舉如下：

表 3.7　危害性化學品對應之聯合國編號

物質名稱	UN 編號
過氧化鋇	1449
過氧化鈣	1457
過氧化鈉	1504
·	
·	
·	
其他未規定的無機過氧化物	1483

由聯合國編號(UN. NO)可以對應查到該物質的緊急應變處理原則，也就是一旦發生事故時，處理人員為保護自身安全及維護社會大眾之安全，在事故最初階段所應採取的緊急行動。目前勞委會已將美國運輸部(Department of Transportation, DOT)出版的“Emergency Response Guide Book”翻譯編印成中文「緊急應變指南」，其中共有 65 個處理原則提供業界參考。處理原則的內容包括：

1. 潛在危害資料

(1) 火災與爆炸。

(2) 健康危害（衛生）。

2. 緊急應變措施

(1) 火災。

(2) 外溢（撒潑）或洩漏。

(3) 急救。

二、國內運送規定

本部分係列舉國內相關運輸規定，例如《道路交通安全規則》第 84 條、《船舶危險性裝載規則》等法規。

3.15 法規資料

本部分內容係列舉該危害性化學品適用之相關法規。

3.16 其他資料

本部分包括製表所使用之參考文獻及製表人相關資料。

習 題

1. 何謂安全資料表？危害性化學品標示及通識規則中對其有何規定？
2. 何謂容許濃度？其分類為何？
3. 何謂 LD_{50}、LC_{50}？
4. 何謂閃火點、爆炸界限？
5. 試述火災之分類並適用之滅火劑。
6. 試求 CH_4 之 LEL。
7. 一混合氣體，甲氣體占 70%，乙氣體占 30%，求該混合氣體於空氣中之爆炸下限？甲、乙氣體之 LEL 分別為 6%及 3%。
8. 何謂個人防護設備，其分類為何？
9. 何謂呼吸防護具？選用時需考慮哪些事項？使用時需注意事項？
10. 試列舉整體換氣及局部排氣之定義，使用時機及優缺點。
11. 試述局排之構造組成且每一組成應注意事項。
12. 試述局排及整體換氣之裝設要領。
13. 危害物質洩漏後處理步驟為何？
14. 說明壓力、溫度、惰性氣體對氣體爆炸界限的影響。
15. 某一混合蒸氣，含 75%乙醚與 25%乙醇之成分，求其爆炸下限。（乙醚蒸氣與乙醇蒸氣爆炸下限分別為 1.9%及 4.3%）
16. 在某工廠之實驗室內貯存有氫氣若干重量，已知該實驗室之容積為 $100m^3$，請問為避免氫氣外洩而達其燃燒下限濃度發生危險，若在通風狀況不良時，其允許之最大洩漏量為多少 kg？（氫氣之燃燒範圍為 4~75%；常溫常壓下空氣密度：$1.2kg/m^3$）
17. 海龍滅火系統，對 A、B、C、D 類火災中哪兩類火災最有效？另外，它為何在今天被禁用？

18. 已知二甲苯八小時平均容許濃度 435mg/m^3，依下表求八小時日時量平均濃度，及該作業勞工濃度是否超過容許暴露標準之規定（二甲苯分子量 107）？

時間	流量 ml/min	質量 mg
08:00~10:10	60	4.3
10:10~12:00	70	2.7
13:00~14:50	70	5.0
14:50~17:00	60	1.3

19. 二硫化碳之暴露情形如下：（25°C，一大氣壓）

08:00~10:00　C1=15ppm
10:00~11:00　C2=15ppm
11:00~12:00　C3=15ppm
13:00~17:00　C4=15ppm
18:00~19:00　C5=15ppm

如果 CS_2 之八小時日時量平均容許濃度=10ppm=1mg/m^3，分子量=76，求：

(1) 勞工暴露之日時量平均濃度為何？
(2) 依該勞工作業情況，其相當八小時日時量平均濃度為何？
(3) 是否符合勞工作業環境之規定？

20. 某工廠每天作業八小時，使用兩桶（每桶 4kg）的二甲苯，設二甲苯之爆炸下限(LEL)為 0.3%，如果想將作業空間之二甲苯濃度控制在 LEL 的 30%以下，其換氣量應是多少 m^3/min？（二甲苯分子量 107）
21. 勞工作業場所容許暴露標準中註有「皮」及「瘤」字者，其意義為何？
22. 各類滅火器適用之火災？
23. 《職業安全衛生設施規則》對防護具的規定如何？
24. 何謂環保四 R？

勵志小語

保守心思意念

✪ 種思想，得行為。
種行為，得習慣。
種習慣，得個性。
種個性，得命運。

✪ 因為他心思如何，他為人就如何。

✪ 你不能阻止小鳥（意念）從你頭上飛過，但你可以禁止小鳥（意念）在你頭上築巢。

✪ 所以你的心思意念／想法／態度很重要，
你要保守你的心勝過保守一切，千萬不要 Garbage in garbage out。

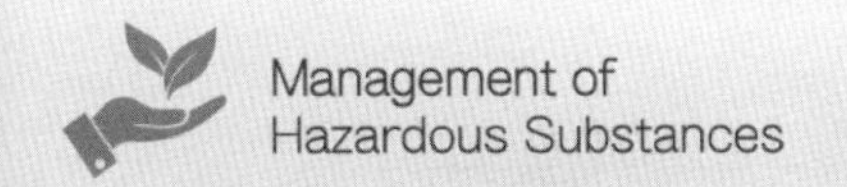

第四章

危害性化學品健康風險評估

4.1 健康風險評估

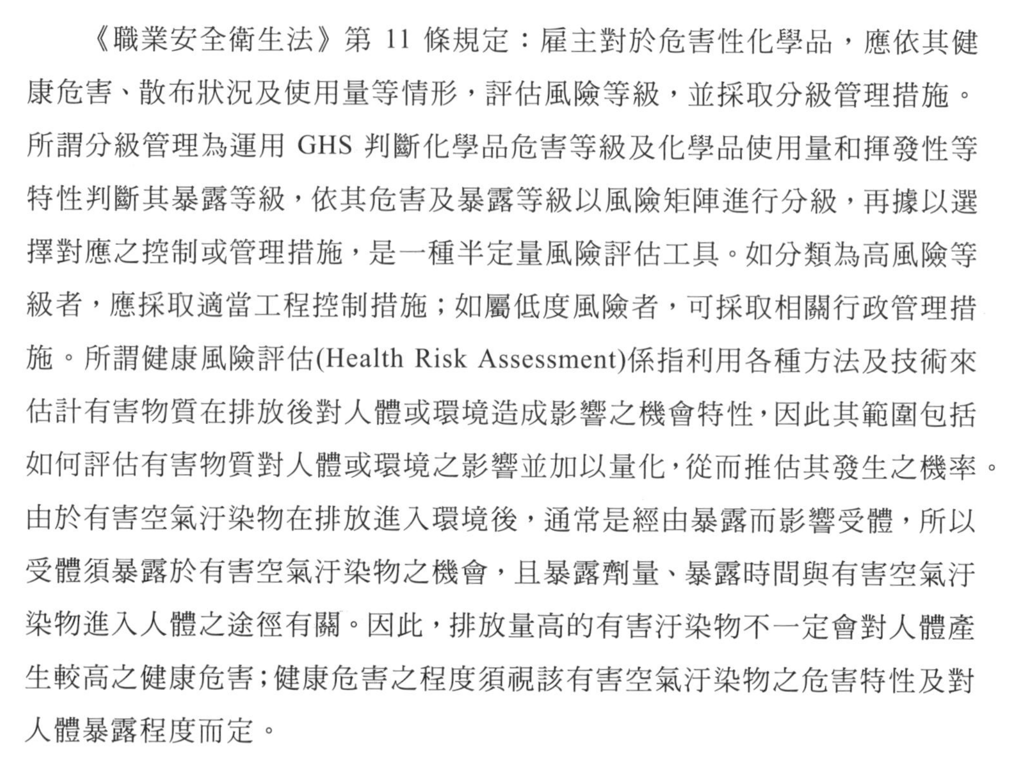

《職業安全衛生法》第 11 條規定：雇主對於危害性化學品，應依其健康危害、散布狀況及使用量等情形，評估風險等級，並採取分級管理措施。所謂分級管理為運用 GHS 判斷化學品危害等級及化學品使用量和揮發性等特性判斷其暴露等級，依其危害及暴露等級以風險矩陣進行分級，再據以選擇對應之控制或管理措施，是一種半定量風險評估工具。如分類為高風險等級者，應採取適當工程控制措施；如屬低度風險者，可採取相關行政管理措施。所謂健康風險評估(Health Risk Assessment)係指利用各種方法及技術來估計有害物質在排放後對人體或環境造成影響之機會特性，因此其範圍包括如何評估有害物質對人體或環境之影響並加以量化，從而推估其發生之機率。由於有害空氣汙染物在排放進入環境後，通常是經由暴露而影響受體，所以受體須暴露於有害空氣汙染物之機會，且暴露劑量、暴露時間與有害空氣汙染物進入人體之途徑有關。因此，排放量高的有害汙染物不一定會對人體產生較高之健康危害；健康危害之程度須視該有害空氣汙染物之危害特性及對人體暴露程度而定。

各行業別所使用之有害空氣汙染物類別如表 4.1 所示，工廠規模不同，其危害物排放量亦不同。以某工業區為例，各廠所使用之化學物質大都為有毒物質，如：甲醛、氯、苯乙烯、氯乙烯、四氯化碳、苯等。亦即區內作業員工及居民長期暴露於這些化學物質，所可能衍生之職業災害，吾人不可忽視。因此，本節擬以風險評估技術針對區內幾個致癌物質如：氯乙烯、丙烯腈為例估算其可能的風險。

表 4.1　各行業別之主要有害空氣汙染物

行業別	主要有害空氣汙染物
紙漿人纖業	H_2S、CS_2
表面塗裝業	Phenol、Methyl、phenol、Ehyl phenol、Acetone、Toluene、Xylene、Styrene、Trichloroethane、Butanol ethyl alcohol、Butanone、Methyl isobutyl ketone、Ethyl acetate、Butyl accetate
塑、橡膠業	Toluene、Styrene、Benzene、Xylene、Vinyl chloride、Formaldehyde、Dimethyl formamide(DMF)、Methyl ethyl ketone(MEK)、Methanol、Acetone、Dioctyl lacpum
石油化學業	Phenol, 1,1-Dichloroethane、1,2-Dichloroethane、Chloro ethane、Methyl ethyl ketone、Acetone Methyl isobutyl ketone、Dimethylether、Mn、Zn、Cr、Hg、Cd、Cu、CN-、As、H_2S、NH_3、Pb
PU 合成皮業	Methyl ethyl ketone、Toluene、Ethyl acetate、Dimethyl formamide(DMF)
化學肥料業	Hydrogen chloride、Fluoride、Ammonia
電子半導體業	Xylene、Benzene、1,1,1-Trichloroetnane、Acetone、Ethyl benzene、Toluene、Methylenechloride、Chloroform、HNO_3、H_2SO_4、HCL、HF
焚化爐業	HCl、Fluoride、Heavy metal(Pb、Cd)、Vinyl chloride、PAH、Dioxins、PCBs、Asbestos、Furane
陶瓷業	Fluoride、Heavy metal(Pb)
乾洗衣業	Benzene、Xylene、Tetrachloroethylene、Trichloroethane、Trichloro Fluoroethane
磚、瓦窯業	Fluoride
石綿業	Asbestos
電子業	Acetone、2-Butyl alcohol、Methyl ethyl ketone、Trichloroethane、Trichloroethylene、Toluene、Xylene、Ethanol、Ethyl acetate、Butyl acetate、Dichloromethane、Choroform、Tetrachloromethane、Trichloroethane
農藥業	Benzene

4.2 健康風險評估進行步驟

1. 危險性鑑定(Hazard Identification)：係決定某一特定汙染物是否與某種健康影響有因果相關。
2. 劑量效應評估(Dose Response Assessment)：決定暴露程度高低與其產生反應之機會及嚴重程度有無關聯。
3. 暴露評估(Exposure Assessment)：係決定民眾是否有暴露機會，經由何種途徑進入而被吸收等。
4. 風險度評估(Risk Characteristic)：風險度推估為綜合上述三步驟作一綜合性之評估，估計該汙染物引起民眾健康影響之風險度多寡。

4.2.1 危害性鑑定

危害性鑑定係一種定性之風險性評估，主要是針對汙染物質之固有毒性作一確認。進行危害鑑定時必須調查與汙染物質相關之各種化學、生物資料，才能了解該物質是否引起致癌作用或其他健康效應。由於化學物質很少以純物質狀態存在，且常在進入人體後轉化為其他代謝物，因此在進行危害性鑑定時，所需考慮之汙染物質除其本身外尚需考慮其衍生後之產物及代謝產物。

汙染物質之危害性鑑定中，對於致癌物質之鑑定是最難的。在近 600 萬種現存化學物質中，真正做過動物實驗，有確實數據者不超過 200 萬種；其中約有 1,000 多種會引起某種動物致癌，至於經確證會引起人類癌症者，還不到 50 種。目前對於化學致癌物之研究及評估乃以世界衛生組織設在里昂之國際癌瘤研究中心(IARC)所出版之刊物最具權威性。國際癌瘤研究中心對致癌物質之分類法則係依據各種流行病學及動物實驗之觀察結果來評估。凡是經由流行病學觀察及臨床診斷可以證實的致癌物質稱為「人類致癌物」(Human Carcinogens)。將物質之致癌性分為五類，即：

1. 人體致癌物(Human Carcinogen)。
2. (1) 人體證據有限(Limited Evidence In Human)之極可能的人體致癌物(Human Carcinogen)。
   (2) 無人體證據但動物證據充分之極可能的人體致癌物(Probable Human Carcinogen)。
3. 無人體證據且動物證據有限之可能的人體致癌物(Possible Human Carcinogen)。
4. 無法分類者(Not Classifiable)。
5. 有證據顯示非人類致癌物(Evidence of Noncarcinogen for Human)。表 4.2 為美國環保署致癌物質分類。

表 4.2　美國環保署致癌物質分類

A 類（已知人體致癌物）	人體研究致癌證據充分。
B1 類（可能是人體致癌物）	人體研究致癌證據有限。
B2 類（可能是人體致癌物）	人體研究致癌證據不足、無資料或無證據，但動物試驗致癌證據充分。
C 類（也許是人體致癌物）	人體研究部分同 B2 類，但動物試驗致癌證據有限。
D 類（缺乏資料證明為人體致癌物）	人體研究及動物試驗資料缺乏。
E 類（資料證明為非人體致癌物）	人體研究及動物試驗證明非致癌物。

項目		動物致癌證據				
		充分	有限	不足	缺乏資料	無證據顯示致癌
人體致癌證據	充分	A	A	A	A	A
	有限	B1	B1	B1	B1	B1
	不足	B2	C	D	D	D
	缺乏資料	B2	C	D	D	E
	無證據顯示致癌	B2	C	D	D	E

4.2.2 劑量效應評估

有危害物存在，不一定有危害，須有暴露。有暴露亦不一定有危害，須有一定之劑量，除非是暴露於致癌物。劑量效應評估工作主要目的係建立暴露量（或劑量）與健康效應之定量關係。劑量效應關係主要係基於三種外插假設：

1. 實驗室內使用高暴露量（或濃度）效應可應用以估計低暴露量（低濃度）。
2. 動物試驗效應資料可對應到人體效應。
3. 不同族群對有害物之「反應」相同。

這三個外插假設包含許多科學上之不確定性及假設，這也是在引用劑量效應關係時，所可能造成之誤差，同時也可能包括政策考量（如：安全係數之設定）。由劑量效應分析得到之數據有「癌症罹患增加機率」或「參考劑量」，有時會被認為風險評估之結果，然而完整之風險評估必須以人體暴露量作為評估基準。對非致癌物而言，人體須累積至一定劑量才會有反應，如圖 4.1 所示。

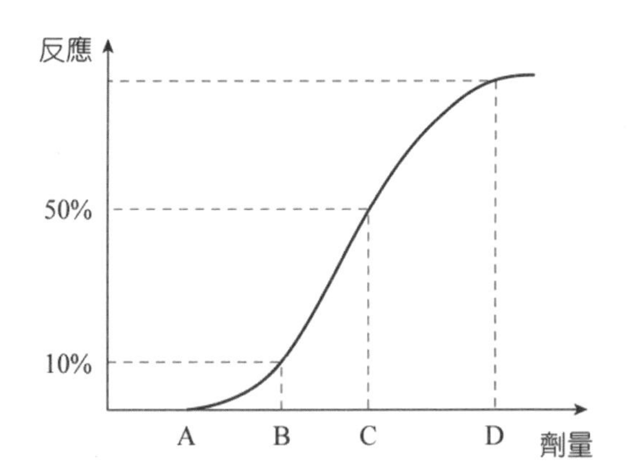

A 點：不會產生任何反應之最高劑量或濃度 (NALOEL)。
B 點：試驗動物 10% 死亡之劑量。
C 點：試驗動物 LD_{50}。

▲圖 4.1

若有 A、B 二有害物質其劑量效應關係如圖 4.2，LD_{50} 相同，問 O 點之前低劑量，何物較毒？

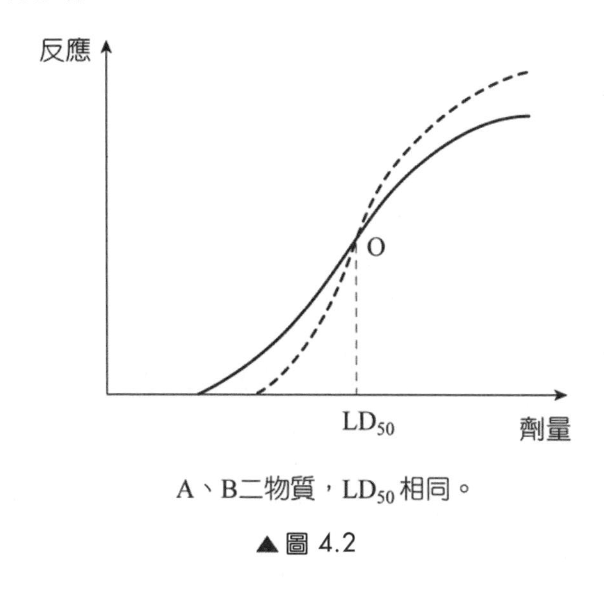

A、B二物質，LD_{50} 相同。

▲圖 4.2

4.2.3 暴露評估

所謂暴露評估是指量測或估計人類暴露在某一存在於環境中化學物質之期間、頻率及強度之過程，或者是指估計某一新化學物質進入環境中而可能增加之假設(Hypothetical)暴露量。一般而言，在完整之暴露量評估中應描述暴露之大小、期間、頻率及途徑，暴露人群之大小、特性、種類，以及在量測或估計過程中所有的不確定性(Uncertainties)。因此，在暴露評估作業過程必須建立之資料包括：汙染物可能來源、各種汙染源排放量（濃度）、散布途徑（藉由空氣、水、食物等）、汙染物濃度及勞工暴露時間。

評估作業執行程序必須先解析有害空氣汙染物在排放源附近環境中之濃度分布，而後再進行人體暴露評估，解析其對居民健康之危害程度。因此，汙染物濃度分布解析作業在危害性化學品健康風險評估程序中扮演相當重要的角色。

一般言之，環境濃度可由量測資料、數學模式估計求得。若環境量測資料充足，則暴露評估應以實際量測資料為基礎，唯若量測資料無法獲得或不夠精確則需使用模式估計之。應用模式解析有害空氣汙染物濃度分布，作業項目包括汙染源排放特性資料、氣象資料、大氣擴散模式選擇與參數設定以及模式輸出資料分析等，另外還需有人口分布調查資料以供進行暴露評估。

依《危害性化學品評估及分級管理辦法》第 8 條規定：

危害性化學品，定有容許暴露標準，而事業單位從事特別危害健康作業之勞工人數在 100 人以上或總勞工人數 500 人以上者，雇主應依有科學根據之採樣分析方法或運用定量推估模式，實施暴露評估。

雇主應就前項暴露評估結果，依下列規定，定期實施評估：

1. 暴露濃度低於容許暴露標準 1/2 者，至少每三年評估一次。
2. 暴露濃度低於容許暴露標準但高於或等於其 1/2 者，至少每年評估一次。
3. 暴露濃度高於或等於容許暴露標準者，至少每三個月評估一次。

第 10 條規定：化學品之暴露評估結果，應依下列風險等級，分別採取控制或管理措施：

1. 第一級管理：暴露濃度低於容許暴露標準 1/2 者，除應持續維持原有之控制或管理措施外，製程或作業內容變更時，並採行適當之變更管理措施。
2. 第二級管理：暴露濃度低於容許暴露標準但高於或等於其 1/2 者，應就製程設備、作業程序或作業方法實施檢點，採取必要之改善措施。
3. 第三級管理：暴露濃度高於或等於容許暴露標準者，應即採取有效控制措施，並於完成改善後重新評估，確保暴露濃度低於容許暴露標準。

4.2.4 風險度評估

所謂風險度評估係針對危害性鑑定、劑量效應評估及暴露評估所得之結果，加以綜合計算，以估計各種暴露狀況下對人體健康可能產生之危害性，並提出預測的數值。由於在風險度評估過程中，最大的弱點乃在已知數據不足及有許多未知數存在，而此等未知數均需進行各種假設，故在推測模式中各種假設是否合理（合於現有知識及推理），乃是風險度評估正確與否最主要的一環。

4.3 致癌物風險評估

健康風險評估的對象分為致癌性物質與非致癌性物質，對人體具有致癌性的物質，在健康危害的定量評估時通常是以致癌的危險度來表示。在致癌物中，經由呼吸道進入人體的部分，個人終身致癌風險度之計算方法如式 4-1：

Risk =LADD（終身平均日劑量）×Slope Factor

$$= \frac{C \times IR \times EF \times AF}{BW \times AT} (\text{mg / kg / day})$$

$$\times \text{Slope Factor}(\text{mg/kg/day})^{-1} \quad \text{(4-1)}$$

C ：汙染物濃度 Contaminant Concentration(mg/m^3)。

IR ：攝入率 Intake Rate (m^3/hour)，指每日吸入空氣量，成人約 20m^3/day。

AF ：人體吸收率 Absorption Fraction(%)。

EF ：暴露頻率期間。

BW ：體重 Body Weight(kg)，一般以 60kg 計之。

AT ：平均壽命(year)，一般以 70 年計之。

Slope Factor：潛勢斜率（或稱效力因子），暴露單位劑量所增加的危險度。

表 4.3 所示為一些致癌物質之類別及口服、吸入不同途徑之效力因子，一般可接受罹患癌症的風險度大約在每百萬人中有一人的機率，因此在致癌物暴露風險的控制，則將目標風險度定為 1×10^{-6}。

本節將以氯乙烯及丙烯腈這兩種致癌物質為例進行風險評估探討。

表 4.3　致癌物之類別及效力因子

化學物	類別	效力因子口服途徑 $(mg/kg/day)^{-1}$	效力因子吸入途徑 $(mg/kg/day)^{-1}$
砷	A	1.75	50
苯	A	2.9×10^{-2}	2.9×10^{-2}
苯並芘	B2	11.5	6.11
鎘	B1	–	6.1
四氯化碳	B2	0.13	–
氯仿	B2	6.1×10^{-3}	8.1×10^{-2}
鉻(VI)	A	–	41
DDT	B2	0.34	–
1,1-二氯乙烯	C	0.58	1.16
地特靈	B2	30	–
飛佈達	B2	3.4	–
六氯乙烷	C	1.4×10^{-2}	–
甲基氯	B2	7.5×10^{-3}	1.4×10^{-2}
鎳及其混合物	A	–	1.19
多氯聯苯	B2	7.7	–
2,3,7.8-TCDD（戴奧辛）	B2	1.56×10^{5}	–
四氯乙烯	B2	5.1×10^{-2}	$1.0-3.3\times10^{-3}$
1,1,1-三氯乙烷	D	–	–
三氯乙烯	B2	1.1×10^{-2}	1.3×10^{-2}
氯乙烯	A	2.3	0.295

4.3.1 氯乙烯

一、氯乙烯(Vinyl Chloride)的理化特性

氯乙烯，其化學名為 Chloroethylene，顧名思義是由乙烯氯化而得，但其同義名（俗名）Vinyl Chloride(VC)則更為人所熟悉，又因絕大多數作為聚合反應之單體，故又別名為 Vinyl Chloride Monomer(VCM)。其性質資料如下：

1. 外觀：無色氣體。
2. 氣味：溫和甜味。
3. 沸點：–14°C。
4. 溶點：–154°C。
5. 比重：0.9106。
6. 閃火點：–78°C。
7. 溶解性：水中溶解度為 0.11g/100g（微溶）。

二、氯乙烯之用途

氯乙烯絕大多數用於產製聚氯乙烯(PVC)，少量作為清洗劑、噴霧劑、冷凍劑、含氯碳氫化合物之中間原料等。純 PVC 原料混合其他劑料，例如：熱安定劑、潤滑劑及抗氧化劑等。進行加工，以製造各種商品，例如：雨衣、鞋、文具及塑膠袋等。

三、氯乙烯之暴露容許濃度

依《勞工作業場所容許暴露標準》，八小時時量平均容許濃度為：5ppm。

四、氯乙烯進入人體之途徑

1. 呼吸途徑

由於氯乙烯屬於氣態，故工業上若排放大量的氯乙烯，對周遭空氣品質將有不利於人體健康之影響。

2. 口服途徑

一般是來自日常食用之物品即飲用含氯乙烯汙染之自來水或地下水。

3. 皮膚接觸

氯乙烯很難經由皮膚接觸進入人體，所以由此途徑進入之機率甚小。

此處將只探討呼吸途徑對人體健康之影響。

五、氯乙烯之毒性

1. 肝毒性

出現症狀包括肝腫大、脾腫大。若長期暴露，將可導致惡性肝臟腫瘤。

2. 神經系統疾病

急性暴露於 0.8~2.0%(8,000ppm~20,000ppm)氯乙烯下，可造成頭昏、眼花，甚至昏迷狀況發生。

3. 致癌性

氯乙烯所引起的癌症主要是肝血管肉瘤。

六、氯乙烯風險評估計算之相關條件

1. 氯乙烯之效力因子(q)：$2.7\times10^{-1}(mg/kg/day)^{-1}$。
2. 某工業區空氣中氯乙烯之偵測平均濃度，列於表 4.3。
   A 測點($80ppbv=0.223mg/m^3$)，B 測點($30ppbv=0.084mg/m^3$)
   C 測點($20ppbv=0.056mg/m^3$)。

3. 假設暴露時間為 25 年。

4. 成人呼吸率為 $20m^3$/day，每天上班八小時。

七、氯乙烯風險評估計算

(一) 測點

1. 暴露量推估：

$$LADD=\frac{CA\times IR\times EF\times ED\times Abs}{BW\times AT}$$

$$=\frac{0.223\,mg/m^3\times 20\,m^3/day\div 3\times 5天/週\times 52週/年\times 25年\times 100\%}{60\,kg\times 70\,year\times 365\,day/year}$$

$$=6.04\times 10^{-3}\,mg/kg/day$$

2. 致癌風險性機率計算：

$$CR=LADD\times q$$

$$=6.04\times 10^{-3}(mg/kg/day)\times 2.7\times 10^{-1}(mg/kg/day)^{-1}$$

$$=1.63\times 10^{-3}$$

(二) 測點

1. 暴露量推估：

$$LADD=\frac{CA\times IR\times EF\times ED\times Abs}{BW\times AT}$$

$$=\frac{0.084\,mg/m^3\times 20\,m^3/day\div 3\times 5天/週\times 52週/年\times 25年\times 100\%}{60\,kg\times 70\,year\times 365\,day/year}$$

$$=2.27\times 10^{-3}mg/kg/day$$

2. 致癌風險性機率計算：

$$CR = LADD \times q$$
$$= 2.27 \times 10^{-3} (mg/kg/day) \times 2.7 \times 10^{-1} (mg/kg/day)^{-1}$$
$$= 6.136 \times 10^{-4}$$

(三) 測點

1. 暴露量推估：

$$LADD = \frac{CA \times IR \times EF \times ED \times Abs}{BW \times AT}$$
$$= \frac{0.056 mg/m^3 \times 20 m^3/day \div 3 \times 5天/週 \times 52週/年 \times 25年 \times 100\%}{60 kg \times 70 year \times 365 day/year}$$
$$= 1.516 \times 10^{-3} mg/kg/day$$

2. 致癌風險性機率計算：

$$CR = LADD \times q$$
$$= 1.516 \times 10^{-3} (mg/kg/day) \times 2.7 \times 10^{-1} (mg/kg/day)^{-1}$$
$$= 4.1 \times 10^{-4}$$

八、結　論

1. 依氯乙烯之理化特性得知，氯乙烯進入人體之途徑幾乎全來自呼吸的空氣。
2. 產生氯乙烯汙染物之工廠，其員工及工廠附近的居民，是暴露於氯乙烯之高危險群。所以應加強對員工的健康管理並對工廠附近的居民作長期的流行病學研究。
3. 粗估在某工業區環境空氣中之氯乙烯其慢性日攝入量分別為：
   A 測點：6.04×10^{-3}mg/kg/day，B 測點 2.27×10^{-3}mg/kg/day，
   C 測點：1.516×10^{-3}mg/kg/day。

4. 氯乙烯於某工業區環境空氣中所造成的致癌性風險機率分別為：A 測點：1.63×10^{-3}，B 測點：6.13×10^{-4}，C 測點：4.1×10^{-4}。這三個偵測點的致癌風險機率均超過 10^{-6}，所以是屬於高致癌性，故如何盡速減少工業區氯乙烯的排放以確保民眾健康應為當務之急。

4.3.2 丙烯腈

一、丙烯腈之理化特性

1. 外觀：無色至淡黃色易燃液體。
2. 氣味：具有類似桃仁的刺激味道。
3. 沸點：77.3°C。
4. 熔點：–82°C。
5. 比重：0.8004。
6. 閃火點：–1°C。
7. 溶解性：水中溶解度為 7g/100g。

二、丙烯腈之用途

丙烯腈使用於塑膠、表面塗料及黏著劑工業，用為抗氧化劑、製藥、染料、表面活性劑合成之化學中間體，且使用於製造合成樹脂如：ABS。

三、丙烯腈之暴露容許濃度

依《勞工作業場所容許暴露標準》，八小時時量平均容許濃度為：2ppm。

四、丙烯腈進入人體之途徑

丙烯腈可以很快的經由口、皮膚接觸及呼吸進入人體，其在肺及腸黏膜之呼吸極快。在作業場所中最主要之暴露途徑為吸入。

五、丙烯腈之毒性

1. 丙烯腈濺到皮膚上可引起紅腫水泡。在急性中毒後會引起頭痛、嘔吐、無力，但汙染源一移開後就馬上好轉。
2. 被丙烯腈汙染到會產生黃膽、輕度貧血及白血球增多。
3. 中毒後的症狀如：呼吸困難、喉嚨灼熱、呼吸不規則。有些人在中毒後有暴力之傾向。

六、丙烯腈風險評估計算之相關條件

1. 丙烯腈之效力因子(q)：$1.0\times10^{0}(\text{mg/kg/day})^{-1}$。
2. 林園工業區空氣中丙烯腈之偵測平均濃度，列於表 4.4。
   A 測點($45\text{ppbv}=0.106\text{mg/m}^3$)，B 測點($5\text{ppbv}=0.012\text{mg/m}^3$)
3. 假設暴露時間為 25 年。

七、丙烯腈風險評估計算

(一) 測點

1. 暴露量推估：

$$LADD=\frac{CA\times IR\times EF\times ED\times Abs}{BW\times AT}$$

$$=\frac{0.106\,\text{mg/ m}^3\times 20\,\text{m}^3/\text{day}\div 3\times 5\text{天}/\text{週}\times 52\text{週}/\text{年}\times 25\text{年}\times 100\%}{60\,\text{kg}\times 70\,\text{year}\times 365\,\text{day/ year}}$$

$$=2.87\times10^{-3}\text{mg/kg/day}$$

2. 致癌風險性機率計算：

$$CR=LADD\times q=2.87\times10^{-3}(\text{mg/kg/day})\times1.0\times10^{-1}(\text{mg/kg/day})^{-1}$$
$$=2.87\times10^{-3}$$

(二) 測點

1. 暴露量推估：

$$LADD=\frac{CA\times IR\times EF\times ED\times Abs}{BW\times AT}$$
$$=\frac{0.012\,\text{mg/m}^3\times20\,\text{m}^3/\text{day}\div3\times5\text{天/週}\times52\text{週/年}\times25\text{年}\times100\%}{60\,\text{kg}\times70\,\text{year}\times365\,\text{day/year}}$$
$$=3.25\times10^{-4}\text{mg/kg/day}$$

2. 致癌風險性機率計算：

$$CR=LADD\times q=3.25\times10^{-4}(\text{mg/kg/day})\times1.0\times10^{0}(\text{mg/kg/day})^{-1}$$
$$=3.25\times10^{-4}$$

八、結　論

1. 依丙烯腈之理化特性得知，丙烯腈進入人體之途徑幾乎全來自呼吸的空氣。
2. 粗估在某工業區環境空氣中之丙烯腈其慢性日攝入量分別為：A 測點 2.87×10^{-3}mg/kg/day，B 測點 3.25×10^{-4}mg/kg/day。
3. 丙烯腈於該工業區環境空氣中所造成的致癌性風險機率分別為：A 測點 2.87×10^{-3}，B 測點 3.25×10^{-4}，這二個偵測點的致癌風險機率均超過 10^{-6}，所以是屬於高致癌性，故對於區內工廠丙烯腈的防火防洩應予加強。

表 4.4 某工業區中氯乙烯及丙烯腈的偵測平均濃度

化學物質	可能排放源	偵測點	平均濃度 ppbv	最高 ppbv
氯乙烯	A 廠	A	80	340
	A 廠	B	30	320
	A 廠	C	20	140
丙烯腈	B 廠	A	45	100
	B 廠	B	5	27

為方便致癌物所造成個人致癌終身風險之計算，對於正常成人的平均體重、每天攝取水量、每天吸入之空氣量、平均體重及壽命作一些假設是有必要的，表 4.5 為美國環保署所推薦一些暴露常數的標準值，應用於下列例題中。

飲用水中氯仿的風險評估：

當飲用水中加氯，常會產生氯仿(三鹵甲烷)，其濃度大約為 30~70μg/L。假設城市供給的飲用水中，氯仿的平均濃度為 70μg/L。計算有關飲用水中之氯仿對成人所造成的致癌最大終身風險。

假設成人重 70kg，每天飲用 2L 的水，所以每天慢性攝取量(ADD)為

$$ADD = \frac{70\times10^{-6}\,\mathrm{g/L}\times10^{3}\,\mathrm{mg/g}\times2\,\mathrm{L/day}}{70\,\mathrm{kg}}$$

$$=0.002\,\mathrm{mg/kg/day}$$

從表 4.3，口服的致癌效力因子為 $6.1\times10^{-3}(\mathrm{mg/kg/day})^{-1}$，依式 4-1，致癌的終身風險為：

風險=ADD×潛勢斜率

$$=0.002\,\mathrm{mg/kg/day}\times\frac{6.1\times10^{-3}}{\mathrm{mg/kg/day}}$$

$$=12.2\times10^{-6}$$

由此結果可知，每百萬人中癌症的個別或然率是 12.2 人。由於效力因子是指在 95%下的信賴間或然率，我們可說每百萬人中有 12.2 人是高於真正致癌的或然率。

表 4.5 EPA 推薦的每天攝取量計算的標準值

參數	標準值
成人平均體重	70 公斤
小孩平均體重	10 公斤
成人每天攝取的水量	2 公升
小孩每天攝取的水量	1 公升
成人每天吸入的空氣量	20 立方米
小孩每天吸入的空氣量	5 立方米
成人每天攝取的魚量	6.5 公克
終身壽命	70 年

4.4 非致癌物風險評估

慢性非致癌危害，通常是以危害指標(Hazard Index, HI)來表示，危害指標為暴露劑量與參考劑量或暴露濃度與參考濃度的比值，當暴露劑量或濃度大於參考劑量或濃度時，顯示危害物的暴露會對人體產生危害。因此危害指標小於 1 是可接受的範圍。其計算方法如式 4-2：

HI=LADD/RfD .... (4-2)

或

HI=LADD/RfC=Exposure Concentration/RfC .... (4-3)

RfD ：參考劑量 Reference Dose(mg/kg/day)，用於攝入途徑為吸入者，可由式 4-4 加以估算。

RfC ：參考濃度 Reference Concentration(mg/m^3)。

$$RfD=(NOAEL \text{ or } LOAEL)/(MF\times UF) \quad (4\text{-}4)$$

NOAEL：最高無明顯不良效應劑量 No-Observed-Adverse-Effect-Level (mg/kg/day)。

LOAEL：最低明顯不良效應劑量 Lowest-Observed-Adverse-Effect-Level (mg/kg/day)。

MF ：修正係數 Modifying Factor。

UF ：不確定係數 Uncertainty Factor。

表 4.6 所示為部分化學物質之 RfD，在混合物之非致癌性危害評估上，如果沒有資料顯示其對生物之影響彼此間有相乘、相拮抗或協同作用時，我們可以假定為相加作用，此時可用式 4-5 表示其綜合危害指標：

$$HI=\sum_{i=1}^{n}\frac{LADD_n}{RfD_n}=\sum_{i=1}^{n}\frac{C_n}{RfC_n} \quad (4\text{-}5)$$

$LADD_n$ ：第 *n* 種有害物質之終身每日平均劑量。

RfD_n ：第 *n* 種有害物質之參考劑量(mg/kg/day)。

RfC 為非致癌性物質之可接受環境濃度限值如表 4.6。

表 4.6　選擇的化學物質；慢性非致癌效應的 *RfDs*

化學物質	參考劑量(mg/kg/day)
丙酮	0.1
鎘	5×10^{-4}
氯仿	0.01
1,1-二氯乙烯	0.009
cis-1,2-二氯乙烯	0.01
甲基氯	0.06
酚	0.04
多氯聯苯	0.0001
四氯乙烯	0.01
甲苯	0.3
1,1,1-三氯乙烷	0.09
1,1,2-三氯-1,2,2-三氟乙烷	30
二甲苯	0.2

表 4.7　非致癌性有害空氣汙染物之可接受環境濃度限值

有害空氣汙染物	空氣中之濃度限值(μg/m^3)
Acetaldehyde（乙醛）	9.0
Acrylonitrile（丙烯腈）	2.0
Carbon Tetrachloride（四氯化碳）	2.4
Chlorine（氯氣）	7.1
Chromium（六價鉻）	0.002
Cadmium（鎘）	3.5
Gasoline Vapor（汽油蒸氣）	2100
Hydrochloric Acid（鹽酸）	7.0
Hydrogen Fluoride（氟化氫）	5.9
Hydrogen Sulfide（硫化氫）	42.0
Mercury Inorganics（無機汞）	0.3
Perchloroethylene（四氯乙烯）	35.0
Styrene（苯乙烯）	700
Toluene（甲苯）	200
Vinyl Chloride（氯乙烯）	26
Xylenes（二甲苯）	300

例題二

某體重 70 公斤之勞工，其工作內容為從事甲苯分裝作業，假設其 8 小時日時量平均暴露濃度為 2ppm，已知甲苯之參考劑量為 0.2mg/kg/day，成人呼吸量為 20m^3/day，甲苯吸收率為 50%，試推估該勞工之非致癌性風險為何？（甲苯分子量為 92）

$2ppm = 2 \times 92/24.45 = 7.53mg/m^3$

每日吸收劑量 $= 7.53mg/m^3 \times 20\ m^3/day \times 8/24 \times 50\%/70$

$= 0.359\ mg/kg/day$

$HI = 0.359/0.2 = 1.79 > 1$，不能接受，需進行風險管理

習題

1. 何謂健康風險評估，其進行之步驟為何，詳述之？
2. 試述半導體業及表面塗裝業最易排放之主要有害空氣汙染物。
3. 試述致癌物質之分類。
4. 美國國家科學院(National Academy of Sciences, NAS)於 1983 年出版「聯邦政府中的風險評估」(Risk assessment in the federal government: Managing the process)的紅皮書對風險評估四個步驟的定義與流程為何？
5. 請回答下列問題：
   (1) 何謂暴露評估(exposure assessment)？
   (2) 若暴露與健康效應二者之間的關係能合理的建立，則暴露評估可以有幾種用途？
   (3) 以作業環境監測執行暴露評估時，其取樣策略需要作成計畫，請回答計畫該說明哪些要項？
6. 試整理苯、硫酸之理化特性、用途、暴露容許濃度、進入人體之途徑及毒性等資料。
7. 何謂參考劑量？如何計算，試說明之。
8. 試述健康風險評估不確性（誤差）來源。
9. 假設 70kg 的男生在其工作場所暴露於含有 $0.1mg/m^3$ 四氯乙烯的空氣中，如果他吸入 $1m^3/hr$，每天八小時，一星期五天，一年 50 個星期，長達 30 年，假如四氯乙烯的吸收因子為 90%，而吸入的效力因子為 $2\times10^{-3}(mg/kg/day)^{-1}$，其終身致癌風險為何？
10. 假設一家 B 工廠共使用十種化學物質，這些化學物質的口服斜率係數(oral slope factor)和口服參考劑量(oral reference dose)和其所影響人群的攝食量(intakes)如下表，請用表內提供的資訊和快速風險分析法來計算這些化學物質的風險值(risk values)與風險特徵(risk characteristics)，並請用計算結果來決定哪些化學物質需要優先作進一步的風險控制？請問您是根據什麼健康指標作決定的？

化學物質	攝食量 (mg/(kg-day))	口服斜率係數 $(mg/(kg\text{-}day))^{-1}$	口服參考劑量 (mg/(kg-day))
1	9×10^{-5}	1.8	
2	2×10^{-4}	1.5×10^{2}	
3	2.5×10^{-5}	5.1×10^{1}	
4	4.2×10^{-4}	1.9	
5	3×10^{-5}	4.9×10^{-3}	
6	3.5×10^{-4}		9×10^{-2}
7	9×10^{-5}		5×10^{-4}
8	2×10^{-4}		8
9	7×10^{-5}		8×10^{-1}
10	4×10^{-4}		4×10^{-4}

11. 試述作業環境監測之目的及環境採樣策略。
12. 危害性化學品依法應如何實施暴露評估及風險分級管理？
13. 國際癌瘤研究中心將物質之致癌性分為哪五類？
14. 某體重 70 公斤勞工暴露於甲苯（分子量為 92），八小時時量平均濃度為 4ppm（一大氣壓、25℃下），假設甲苯參考劑量為 0.2mg/kg/day，成人呼吸量 $20m^3$/day，吸收率 60%，問勞工暴露風險是否超標？

勵志小語

猜謎語

1. 狼來了，猜一種水果。
2. 羊來了，猜一種水果。
3. 有一沒有二，有三沒有四，有東沒有西，猜一個字。
4. 烏龜心中一根針，猜一句成語。
5. 7/8 猜一句成語。
6. 7÷2 猜一句成語。
7. 40÷6 猜一句成語。
8. 1×1=1 猜一句成語。
9. 香蕉從二樓掉下來會變成哪一種蔬菜？
10. 阿拉丁有幾個哥哥？
11. 紅豆的小孩是誰？
12. 毛毛蟲欺侮毛毛蟲，猜一句成語。

Management of
Hazardous Substances

>> 第五章

危害物質管理

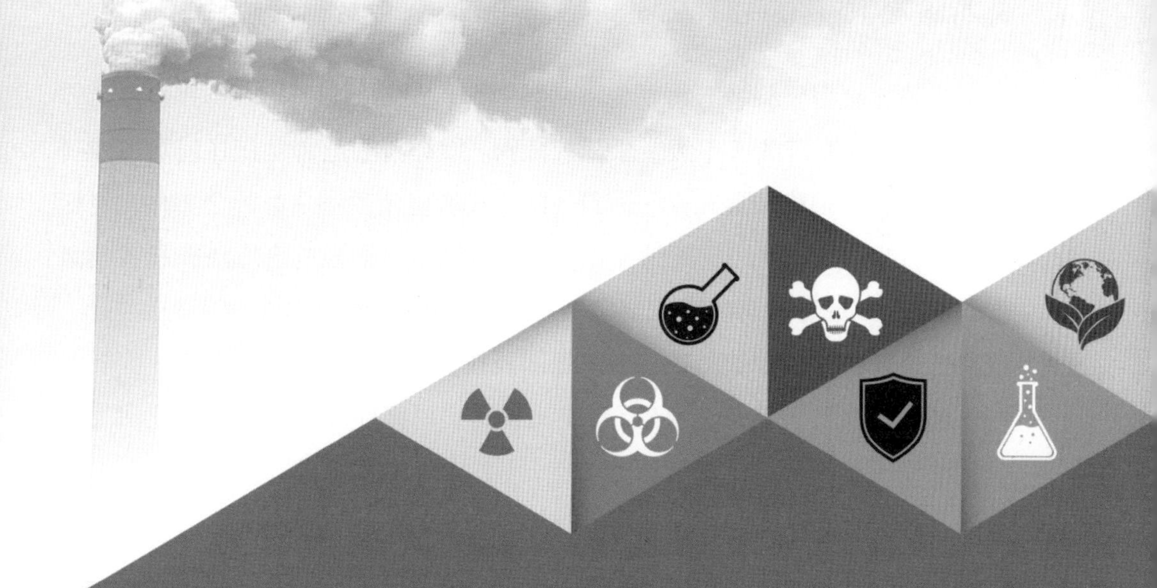

如何減少職場上之暴露以保護工作者之安全與健康，為每一個職安人員首要責任，在職業衛生暴露控制上必須建立一有效計畫，其組成有三個要素：

1. 危害鑑定及評估(Hazard Identification and Evaluation)。
2. 預防及改善措施(Establishment of Corrective and Preventive Measures)。
3. 計畫效益評估(Evaluation of Program Effectiveness)。

工業界使用了許多有害物但不見得有危害發生，主要是因為採取了合宜之防範措施，使接觸者不致產生任何危害。這裡所謂危害是指任何可造成有形或無形上之損失或對設備、原料、財產、環境產生不良影響之事件，包括毒性、燃燒性、反應性及腐蝕性等危害，其是否會造成危害取決於暴露劑量的大小，因為低毒物可能造成高危害，而高毒物也可能造成低危害。易言之，我們雖不能控制化學物質之毒性，但卻能控制其所造成之危害程度，因為危害不僅由化學物質之特性決定，更取決於其使用條件(誰使用、在哪裡使用、如何使用、使用時間、防範措施等)。

5.1 危害鑑定及評估

本項工作重點為認知及評估工作場所之危害，亦即辨認危害種類、原因及相關資料，表 5.1 為半導體業各製程潛在危害暴露，思考可能有之危害，可以透過工廠現場巡視(Walk through)調查下列資料：

1. 工廠內運作（製造、生產、使用、貯存、運送、處理、處置）有哪些危害物？
2. 危害物之位置分布。

3. 危害物排放型態及數量，可能是煙道(Stack)排放或溢散(Fugitive)排放。

4. 危害物之媒介途徑。

5. 危害物之運作壓力、溫度、物化特性及影響資料。

6. 安全衛生防護措施包括製程、消防、電氣、貯存等系統。

7. 勞工作息（工作）型態。

接下來的工作是評估哪些地方容易出狀況，如何出狀況？出狀況機會有多大？結果如何？這幾個問題事實上就是風險評估，風險評估包括產生意外事件之決定，事件發生機會(Probability)及其嚴重性(Consequences)，這嚴重性包括人員受傷或生命損失，對環境之損害及生產、資本設備之損失。危害評估之一般程序如圖 5.1 所示，當某一危害被確認之後，隨即就意外發生的各種狀況加以考量決定，估算其可能之風險，再就風險大小決定是否接受，若不能接受則需加以變更設計，若意外發生之頻率及結果無法得知，亦可以較簡單定性的方法進行，有關危害評估的方法相當多，從定性到定量都有，本節介紹幾種相對危害評估方法，其他之評估方法則另章討論。

表 5.1　半導體業各製程潛在危害暴露

		化學性危害					物理性危害				人因工程危害
		刺激性／有毒氣體	金屬	酸／鹼	有機溶劑	游離輻射	RF	UV	高溫	噪音	
擴散工程	化學槽			×	×					×	×
	高溫爐管	×		×					×	×	×
微影工	曝光							×		×	×
	光阻／顯影				×					×	×
薄膜工程	離子植入	×	×			×				×	×
	氣相沉積	×	×	×			×			×	×
	蝕刻工程	×		×			×			×	×

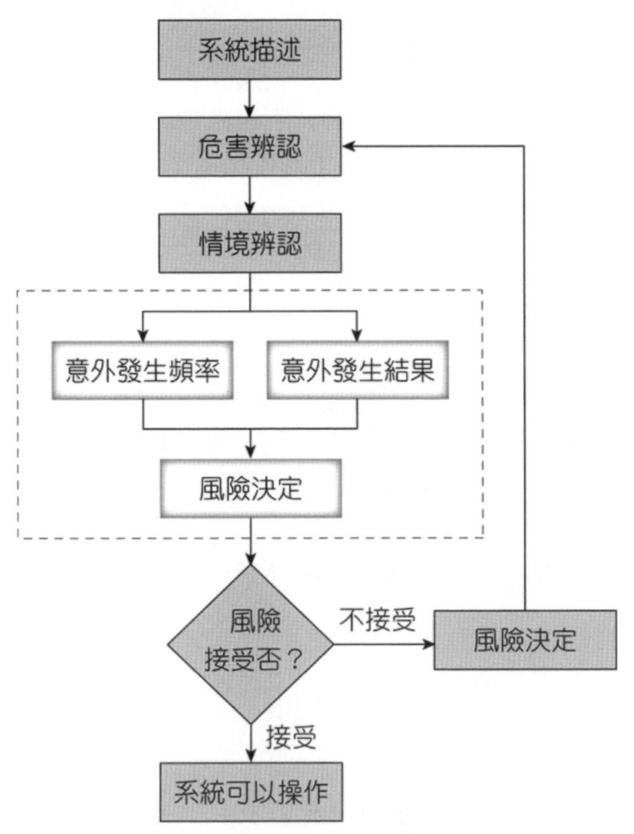

▲圖 5.1 危害鑑定及風險評估程序

5.1.1 Dow 或 Mond 氏火災爆炸指數

道氏指數為使用最廣之危害指數，於 1964 年由道氏化學公司提出，期間經多次修正，於 1994 年已進入第七版，而 MOND 氏指數係由 DOW 氏指數延伸發展而得，其除將物料之(1)可燃性；(2)反應性因素納入考量之外，亦特別列入；(3)毒性因素，實際上兩者均使用相同基本計算方式。

Dow F&EI 僅適用於化學製程單元(process units)。所謂製程單元係指製程設備的主要機件，如馬達、反應器、攪拌機、熔爐、蒸發器、貯槽、乾燥機等。至於產生動力的設備、水處理系統、控制室和辦公大樓等設備設施皆不適用。

圖 5.2 所示為道氏指數計算之程序，條列說明如下：

一、選擇適當之製程單元

其決定之因素包括該單元使用之危害物質存量、潛在之化學能量、製程壓力和溫度、過去發生之事故等。

二、決定物質係數(Material Factor, MF)

物質係數是測定化合物、混合物或純物質釋放能量強度的數字，也就是計算 F&EI 的第一步。*MF* 是考慮物質的兩種危害而決定的：(1)易燃性(N_f)；(2)反應性(N_r)，以 1~40 表示。

若危險物質有美國防火協會(NFPA)的易燃性分級 N_f 及反應性分級 N_r，則其 *MF* 可以從表 5.2 求出：

表 5.2　由 N_r 及 N_f 決定物質係數

	N_r	0	1	2	3	4
N_f						
0		0	14	24	29	40
1		4	14	24	29	40
2		10	14	24	29	40
3		16	16	24	29	40
4		21	21	24	29	40

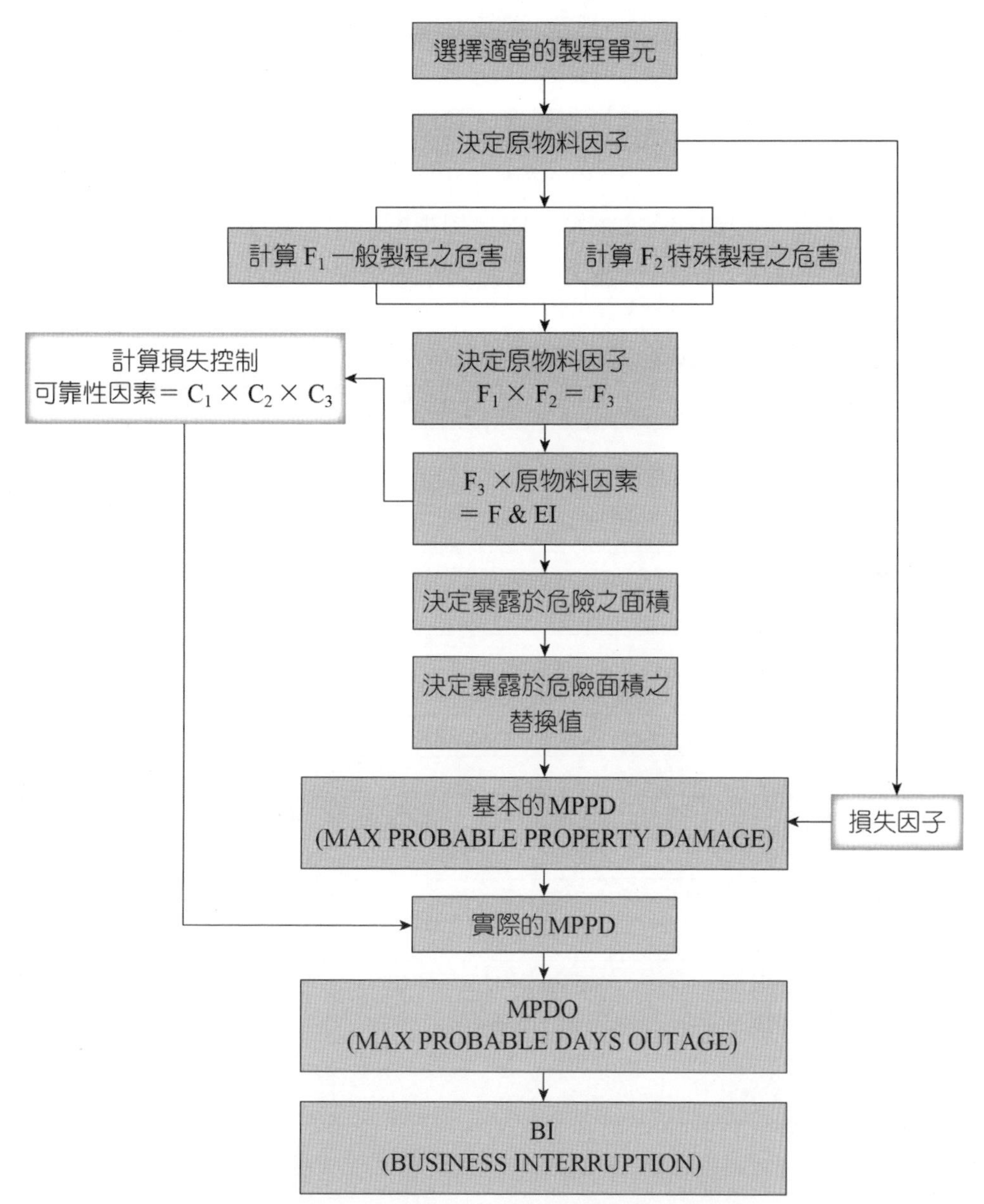

▲圖 5.2　製程單元 F&EI 指數計算流程圖

三、決定一般製程危害

GPH 之計算取決於化學反應過程、物料處理、排放及洩漏控制如表 5.3 所示，特別製程危害(Special Process Hazards, SPH)則取決於化學物質處理量、危害操作條件、化學物特性，將這兩項相乘即得單元危害因子 F_3，再與物質係數 *MF* 相乘即得 *FEI* 指數，依指數大小參考表 5.4 即可決定危害程度。

表 5.3　DOW 氏火災與爆炸指數計算表(REW-7.0)

	製作者		日期	
計畫名稱：		單元		
設備：				
大小及型態：				
材質：				
物料因子 MF：				

1. 一般製程危害	理論危害指數	理論危害指數
基本因子	1.00	1.00
A. 放熱反應	0.3~1.25	
B. 吸熱反應	0.2~0.4	
C. 物料處理及傳送	0.25~1.05	
D. 周圍製程單元	0.30~0.90	
E. 進出管線	0.20~0.35	
F. 排放及洩漏控制________加侖或 m^3	0.25~0.50	
一般製程危害因子(F_1)=基本因子＋（A~F）		
2. 特殊製程危害	理論危害指數	理論危害指數

表 5.3 DOW 氏火災與爆炸指數計算表(REW-7.0)（續）

基本因子	1.00	1.00
A. 毒性物質	0.20~0.80	
B. 真空(<500mmHg)	0.50	
C. 在接近易燃範圍操作（只能選一） ① 易燃液體貯存區 ② 製程干擾或吹驅失效 ③ 在易燃範圍內	 0.50 0.30 0.80	
D. 塵爆	0.25~3.0	
E. 壓力		
F. 低溫	0.20~0.30	
G. 易燃物質量（只能選一） Q:______lb HC:______Btu/1b		
H. 腐蝕及浸蝕	0.10~0.75	
I. 珐蘭及壓圈洩漏	0.10~1.50	
J. 使用加熱設備（見道氏指南圖 6）		
K. 熱油熱交換系統（見道氏指南表五）	0.15~1.15	
L. 轉動設備（泵、壓縮機）	0.50	
特別製程危害(F_2)=基本因子＋（A~M）		
3. 製程單元危害因子(F_3)=$F_1 \times F_2$		
火災及爆炸指數 F&EI=($F_3 \times MF$)		

表 5.4 DOW 氏火災與爆炸指數之危害程度

道氏火災爆炸指數範圍	危害程度
1~60	輕微危害
61~96	低度危害
97~127	中度危害
128~158	高度危害
159 以上	嚴重危害

5.1.2 毒性指數及火災爆炸指數

由於化學物質之毒性強度與其健康危害指數、蒸氣壓、物質運作量及操作條件有關，故可將其組合成毒性指數。火災爆炸指數亦可以其燃燒熱、蒸氣壓等因子加以計算，方法如下：

毒性指數 $TI = fT \times N_H \times VPf \times \log(INV)$

火災爆炸指數 $FEI = TI = fF \times VPf \times F \times \log\left(INV \times \frac{HC}{10000}\right)$

各項參數之說明如下：

1. fT=溫度因素(T)×濃度(C)×環境因素(E)

   其中溫度因素(T)：

   (1) 當操作溫度＝環境溫度時，T=1

   (2) 當操作溫度＜環境溫度

   操作溫度＜沸點(latm)時，T=0.9

   操作溫度＞沸點(latm)時，T=0.95

   (3) 當操作溫度＞環境溫度

   操作溫度＜沸點(latm)時，T=1

   操作溫度＞沸點(latm)時，T=1.1

   其中(C)=化學物質之重量百分濃度，例如混合物之濃度為 35%時→C=0.35

   其中環境因(E)=含工程判斷，周圍環境、維修狀況及工廠管理等之危害大小，平均值=1。

2. N_H：NFPA 之健康危害等級(1~4)。

3. VPf=蒸氣壓因子(20°C)。
   (1) $VP<0.8\text{kg/cm}^2$時，$VPf=1$。
   (2) $0.8\text{kg/cm}^2<VP<1.2\text{kg/cm}^2$時，$VPf=2$。
   (3) $1.2\text{kg/cm}^2<VP<10\text{kg/cm}^2$時，$VPf=3$。
   (4) $VP>10\text{kg/cm}^2$時，$VPf=4$。
4. INV=化學品之貯量，kg。
5. fF=校正因素，同 fT。
6. $F=NFPA$ 之可燃性危害等級(1~4)。
7. HC=每公斤物質之燃燒熱，kcal/kg。
8. Log(X)小於 1 時以 1 計算。

危害程度大小判斷如下：TI 及 FEI 之指數可依下列指數範圍判斷其潛在危害程度：(1)1~10，甚低危害；(2)10~20，低危害；(3)20~40，中危害；(4)40 以上，高危害。

表 5.5 所示為乙烯、苯、乙苯、苯乙烯等化學物質毒性及火災爆炸指數之計算範例。

表 5.5　主要危害物質毒性／火災爆炸指數

化學物質	蒸氣壓 mmHg	燃燒熱 Kcal/kg	密度 g/cm^3	貯槽 (*INV*)kg	*fT*	*NFPA H*	Vpf	*NFPA F*	毒性指數 *TI*	爆炸指數
乙烯	54.2	11,676	0.6		0.95	1	4	4		
苯	75	9,991	088	5,000	0.95	2	1	3	12.7	21.9
乙苯	7.1	10,270	0.87	2,500	1	2	1	3	12.7	22.2
苯乙烯	4.7	10,039	0.9	3,000	0.95	2	1	3	12.3	21.3
丙烯腈	83		0.8	200	0.95	4	1	3	21.2	
丁二烯	1,400	11,129	0.62	200	0.95	2	3	4	30.2	72.3
甲苯	31	10,130	0.87	150	1	2	1	3	10.3	18.5

5.1.3 物質危害指數

此物質危害指數(Substance Hazard Index, SHI)主要目的是在發展可能因毒性物質洩漏而發生重大事故之指標，以提供事業單位有所警覺進而採取預防應變及管理措施，以避免事故發生或減輕事故發生機率及影響範圍，若該毒性物質之 SHI 指數超過 5,000，即視為可能發生重大事故之毒性物質，需加以防範。

SHI 為物質蒸氣壓及毒性之函數，其所定義之運算式如下所示。物質之蒸氣壓越高，則代表該物質越容易擴散至大氣，而物質毒性越高，則表示其急性濃度(ATC)越低。

$$SHI = \frac{EVC}{ATC} \times \frac{10^6}{760}$$

EVC：該物質在 20°C 之蒸氣壓，mmHg。

ATC：在 1 小時內可能導致人員死亡或受傷之實際毒性濃度，ppm。

本方法僅適用正常操作條件之化學物質，並無包括任何其他影響，如：溫度／壓力對操作條件、操作製程單元種類、現址特性等，因此亦可以將 SHI 加以修正，考慮化學物質排放量及設備 1 哩之範圍之人口數，即：

$$MSHI = SHI \times INV^{0.5} \times P$$

INV：危害物質排放量($\times 10^3$kg)。

P　：設備半徑 1 哩範圍之人口數($\times 10^3$)。

5.2 預防及改善措施

危害被認知、辨認、評估之後即可針對不同之危害程度研擬安全衛生預防及改善措施。一般而言，危害控制管理可以由發生源、傳播路徑、接觸者等三方面實施，如下所示：

危害源(Source)→媒介(Medium)→受體(Receptor)

分述如下：

一、工程管理（源頭管理）

延用工程、科技直接對源頭(Source)加以減量改善，使其危害減輕，為最有效之管理方式，其工程方法：

(一) 取　代

以危害度較小之原料、作業流程或設備來代替危害度較大者，有時不失為一種最經濟而且是最具正面效果的防範方法。

1. 原料的取代

如以四氯乙烯代替乾洗工業之石油精大大減少了火災的危險性。以含氚(H^3)磷光性物質代替含鐳(Radium)漆劑使製造鐘錶或儀器針盤工人對輻射性之危害度減少。以甲苯替代苯作為去油脂劑，使勞工所受血液毒害（含白血病）大大的減少。但在選用取代物時，要注意其是否摻雜有其他劇毒雜質或可能引起其他不良反應。

2. 作業流程之取代

此種取代方法，有時是不難解決的，如在粉塵研磨作業中以濕式法代替傳統乾式法可減少粉塵之暴露。又在上漆過程中，如把被處理之物品浸入含漆之容器中，那麼經由呼吸系統所致之汙染會比由噴漆所致小很多。其他以切割的方式代替折斷或碎裂的方式，或以焊接的方式取代鉚釘的方式，其所致之噪音響度將有實質上的降低。同樣的以塑膠鍊條替代鋼製鍊條，則其齒輪接觸時之噪音響度亦可減少。

3. 設備之取代

如以安全鐵罐替代玻璃瓶來貯存可燃性物料時，或以安全玻璃取代普通玻璃作為燻煙氣罩之曳動門時，則由其所造成之意外傷害或由此意外所造成之汙染之機會大為減少。

(二) 隔　離

廣義的隔離應包括汙染的包裹、暴露距離之拉長或暴露時間之縮短等。主要係以物理方式以屏障物(Barrier)把汙染源包被起來，使之不易或不能釋放在作業環境中。

1. 物料隔離方面

把危險性物料集中在適宜的地方存放，則可防止火災爆炸及其他意外災害發生。又如存放可燃液體之大型油槽如以適當之防溢堤加以隔離亦可減少重大意外發生。

2. 作業流程隔離方面

作業流程隔離成本通常較大，故較少用之。其最常用者為遙控措施。

3. 設備隔離方面

如高壓化學物品容器以鐵甲、強化水泥甚或木板等加以隔離可減少意外時所致之傷害或所致之疾病。又對具高度危險性設備之觀察亦可用電視傳真、鏡子或潛望鏡等加以觀測，以減少不必要之暴露。除此之外，經由良好的設計亦可將各管線中抽取有毒物質之唧筒集中同一地區並輔以良好的隔離及通氣設備。如此亦可減少勞工之暴露。

(三) 改　善

可能產生汙染的各種因子或方法改善，往往是一種防範有害物質危害的有效重要措施。如使用原料配方或製程之改善亦可減少改變它們對健康之綜合影響，又如在電鍍前被電鍍物件常常需去脂，此時若能把單純性的加蓋式有機溶劑去脂槽加上冷卻裝置，則有機溶劑之蒸發可大為減少，進而減少職業性疾病發生。

(四) 局部排氣

從發生源所產生之有害物質控制住不使外逸擴散，加以排氣排除，將有害物吸引進入一開口結構，加以處理排氣。

1. 局部排氣設計上應注意事項

(1) 氣罩：決定控制風速之最低速度。

(2) 導管：以圓管為佳。

(3) 空氣清淨裝置：

① 除塵裝置：粒狀物質。

② 廢氣處理裝置：氣態物質。

(4) 排氣機：大小要由輸送之風量及壓力損失決定。

2. 局部排氣系統使用時機考慮條件

(1) 危害性：汙染物相對較具危險性。

(2) 發生率：隨時間而變。

(3) 作業者位置：作業者靠近發生源。

(4) 發生率大小：發生源是少數而量大時。

(5) 標準及規範：法規之要求。

(6) 變動性：發生源頭傾向於位置固定。

二、路徑管理

若工程管理措施皆已改善，接下來可以進行路徑管理，其可行措施包括：

1. 整體換氣(General Ventilation)：從發生源產生之有害物質在未達到作業者之呼吸帶前，利用未被汙染之空氣將其稀釋，使其濃度在容許濃度以下者。
   (1) 整體換氣設計上應注意事項：
      ① 應達到必要換氣量。
      ② 應控制在 PEL 或 0.3LEL 以下。
      ③ 不得迴流。
      ④ 排氣氣流不得經過呼吸帶。
      ⑤ 要保持有效運轉。
      ⑥ 要均勻。
      ⑦ 高毒性作業場所應隔離。
2. 擴大發生源與接受者之距離，例如：自動化、搖控，避免勞工與發生源有直接接觸。
3. 設置自動偵測裝置，若有可燃性氣體或毒性氣體洩漏可提出警訊，避免災害之發生。

三、行政管理（針對受體）

行政管理措施包括：

1. 教育訓練：本項工作依法由職業安全衛生管理人員執行。
2. 輪班：視狀況勞工輪班，減少暴露時間。
3. 個人防護具：

個人防護具（如耳塞、耳罩、護鏡、防毒面具、手套、防護衣／巾，以及保護皮膚膏脂等）之使用，亦屬較低層次之預防職業性疾病的一種作為。

通常它們是在機件保養維護時，緊急狀況或以工程之手段從事環境改善之過渡時期才來使用，切不可因擁有防護具而大意，不對有害環境作進一步的改善。再者，在評估防護具效益時要注意：

(1) 保存是否良好，有無破損。

(2) 維護是否良好，如濾毒罐有無適時更換。

(3) 所用種類是否適當，如濾毒罐適用範圍有無和空氣中實際汙染之有害物質濃度相配合？

(4) 所有防護具是否配合人體工學而設計。

4. 個人暴露監測評估：了解勞工個人實際暴露，以採取合宜措施。

5. 健康管理：新進勞工作一般健康檢查，在職勞工須作定期健康檢查。

5.3 計畫效益評估

事業單位為了解所推動的安全衛生預防及改善計畫／措施之成效必須透過管理系統作評估。目前企業廠商為了要生存，要在國際上立足就必須取得三張「證照」，分別為 ISO9001 的產品品質認證、ISO14001 的環管認證及 OHSAS18001 職業安全衛生管理認證。ISO14001 之核心精神在於下列四項：

1. 汙染預防

配合聯合國環境規劃署及聯合國工業發展組織宣揚之清潔生產技術，將其理念和運用落實於公司之設計、製程及汙染防治工作上。

2. 遵循法規

應在重大國際公約及相關議題上，提早執行配合的因應措施，以掌握國際環境規範日益調和的趨勢。

3. 全員參與

企業環保責任的擔負，在於全員參與制度上所要求的精神。大多數管理制度之推行階段，往往易於規劃、施行而難於查驗和具體落實；ISO14001之系統特別強調規劃、執行、檢查、審查的 P-D-C-A。

4. 持續改善

ISO14001 之最高訴求乃在於公司對環境之持續改善，但是如何將其系統地落實，則是一個很大的挑戰。現今企業界大多處於制度建立初期，持續改善工作的規劃和實施可集中於三個焦點：

(1) 建立各類原物料使用、能源消耗、汙染物排放之基線資料，以供後續改善階段量化指標提升的參考。

(2) 針對各項汙染防制設施進行最佳可行技術的評估及運用。

(3) 大多數公司系統建立初期，對於環境考量面和重大環境衝擊的焦點均著重於「活動」之上，而隨著制度的成熟，宜將其逐漸轉移至產品及服務。

「永續發展」成了全世界企業經營的焦點議題，目前許多企業已感受到在環境保護工作上需與政府及民眾的配合，因此興起了所謂「企業環保主義」。「環境的效率」是在企業環保主義下興起的新訴求，其基本意義乃是指企業提供滿足人類需求且帶來生活實質的具競爭性價格與服務；其同時在生命週期中積極地減少生態衝擊和資源的稠密性，以求至少維持地球的涵容能力。

OHSAS18001 係由 BS8800 所發展出來，針對事業單位的安全衛生加強管理，其管理系統仍類似 ISO14001，遵循所謂 PDCA 之架構如圖 5.3 所示，其基本精神不外乎下列六點：

1. 管理階層訂定政策、目標，使全部之品質保證或安全衛生管理作業方向明確。

2. 組織架構及各部門，以及各部門間之各種作業，權責劃分明確。
3. 對所有之品質保證或安全衛生管理作業，應建立手冊、作業程序及工作說明書，明訂各種作業之執行方式。
4. 教育所有之員工，依照既定之方式執行。
5. 執行之結果，需留下紀錄。
6. 利用管理審查及內部稽核之方式，來檢討所建立之品質或安全衛生管理制度是否有效，以及所有員工是否按既定之程序執行相關之作業。

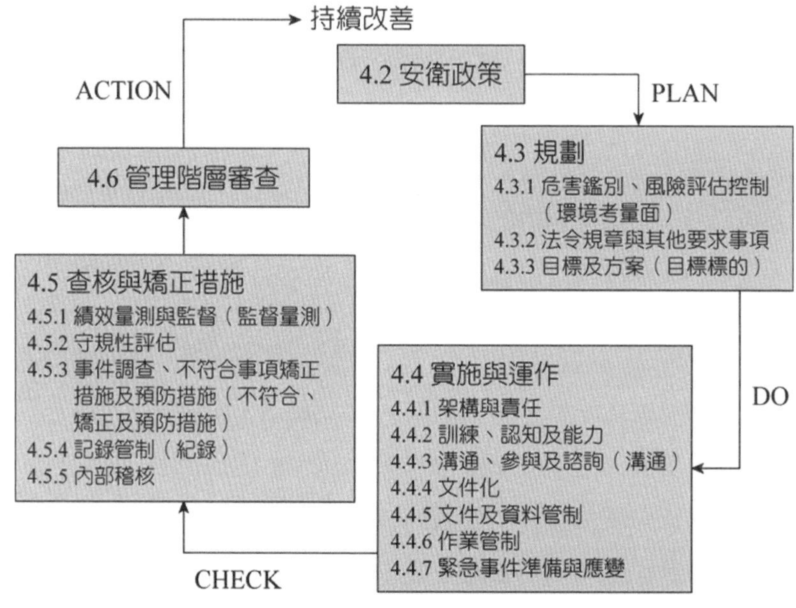

▲圖 5.3 OHSAS18001 安全衛生管理系統標準架構

OHSAS 18001 已正式改版並更名為國際標準 ISO 45001：2018 職業健康和安全管理系統—要求(International Standards ISO 45001 Occupational health and safety management systems - Requirements :2018)，新版標準 ISO 45001 將以一致的方法來提升及健全的職業安全衛生管理。ISO 45001 與 OHSAS 最大的差異在強調高階責任，其具體內容如下：

1. 擔負責任—安全衛生為核心價值
2. 建立職安政策及目標
3. 確保職安衛管理系統資源無虞
4. 確保職安衛管理系統可達預期結果
5. 鼓勵員工提升安衛績效
6. 表彰員工貢獻
7. 建立員工參與和諮商程序

ISO45001 系統架構及進行步驟如圖 5.4：

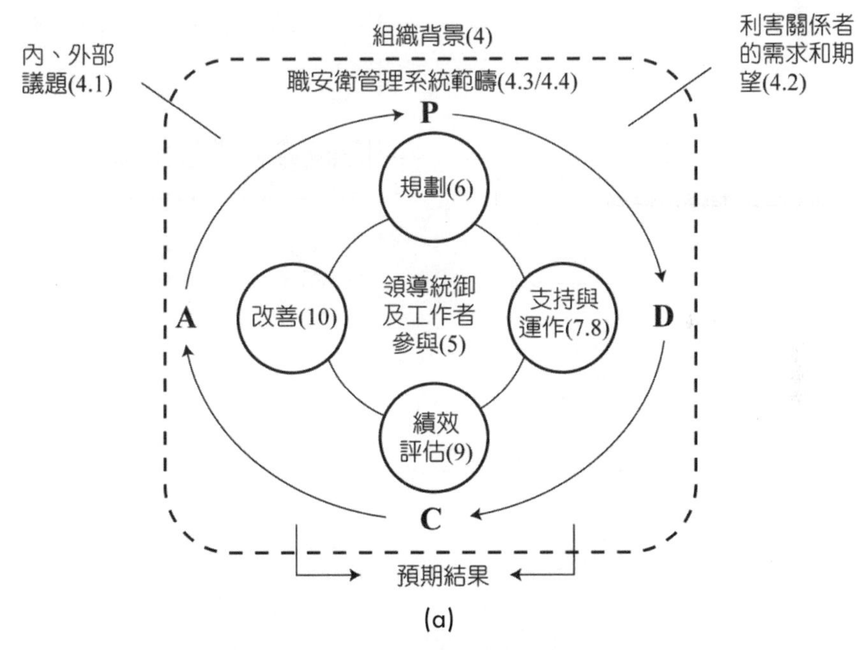

▲圖 5.4　ISO45001 系統架構及進行步驟

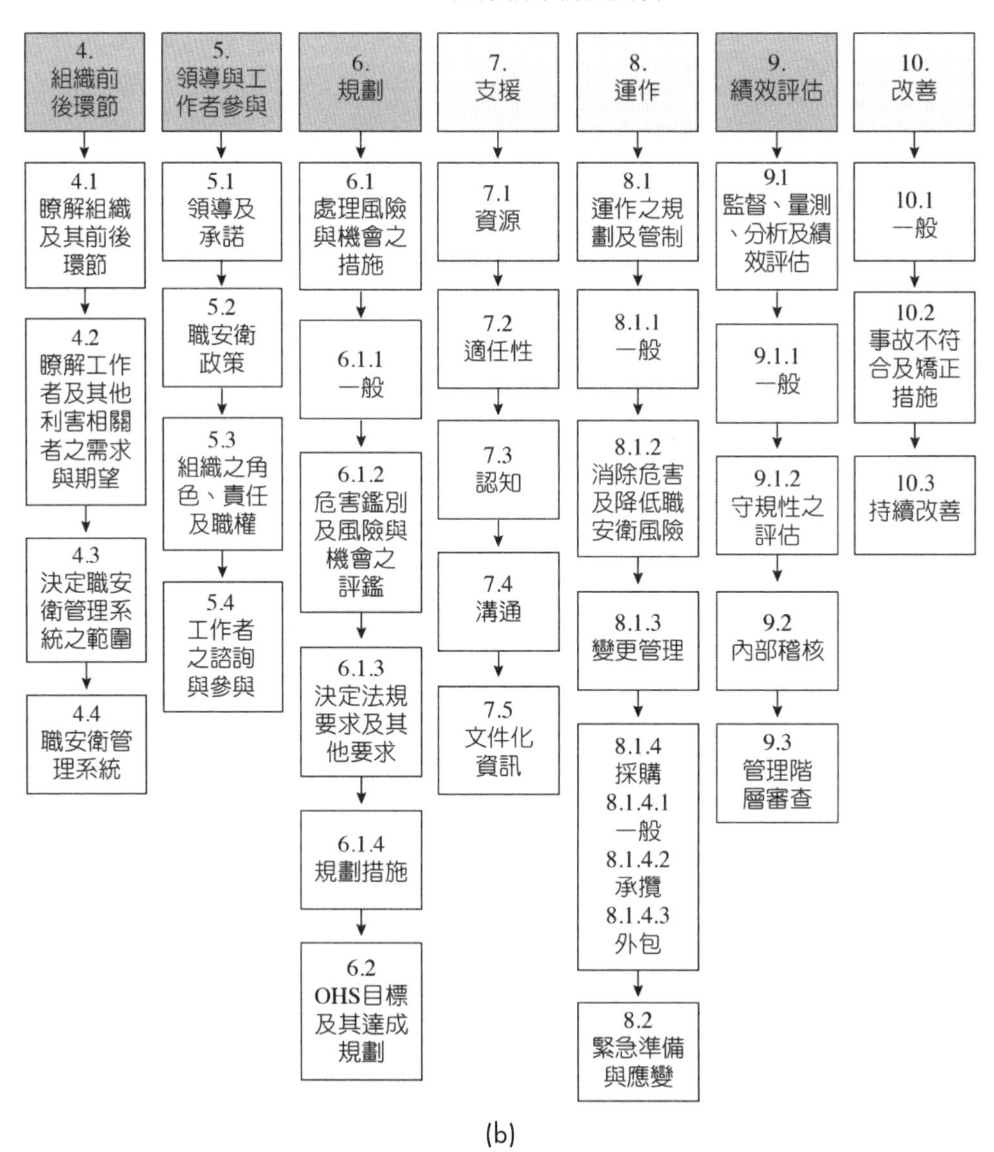

(b)

▲圖 5.4　ISO45001 系統架構及進行步驟（續）

表 5.6 為事業單位安全衛生自評表，藉由此表，事業單位可自行評估安全衛生管理在法規部分的符合度，還有多少努力之空間。

表 5.6　事業單位安全衛生自評表

1. 公司基本資料

公司名稱：　　　　　　　　　　聯絡電話：

住址：　　　　　　　　　　　　員工人數：　　　人

聯絡人：

行業別：（請參考法規內容勾選）

	其他
	國防事業
	洗染業
	修理服務業
	醫療保健服務業
	大眾傳播業
	環境衛生服務業
	機械設備租賃業
	餐旅業
	運輸、倉儲及通信業
	水電燃氣業
	營造業
	製造業
	礦業及土石採取業
	農、林、漁、牧業

2. 安全衛生資料

項目	內容	法令規定	公司現況	建議
(1) 組織與管理	① 管理單位及設置人員之報備（參表 5.7 及表 5.8）	需設置管理單位： a. 安全業務主管____人。 b. 安衛管理員____人。 c. 安衛管理師____人。 所設置之單位需為一級單位。		
	② 醫療單位之設置（參表 5.9 及表 5.10）	需設置醫療單位： a. 專業護士____人。 b. 兼任醫師____人。		
	③ 安全衛生委員會	a. 需設置安全衛生委員會，並定期每三個月開會一次。 b. 成員：負責人、安衛人員、各部門主管、醫護人員、勞工代表（占 1/3）。		
	④ 年度安全衛生工作計畫	需擬定年度工作計畫，並按照計畫執行。		
	⑤ 承攬商安全管理	應協調有關安全事項。		
(2) 自動檢查	① 自動檢查計畫書	需每年擬定自動檢查計畫書，並按照計畫實施。		
	② 一般設備、機械、車輛、作業環境	應依自動檢查辦法規定，分別辦理每日、月、年之檢點。		
	③ 危險性機械設備 a. 危險性機械： • 固定式起重機 • 移動式重機 • 人字臂起重桿 • 升降機 • 營建用提升機 • 吊籠 b. 危險性設備： • 鍋爐 • 壓力容器 • 高壓氣體特定設備 • 高壓氣體容器	應申請設置報備，並經檢查合格後，方可使用，且每兩年需申請一次複檢。		

項目	內容	法令規定	公司現況	建議
(3) 健康管理	① 健康檢查： a. 一般員工 b. 特別危害健康作業人員： • 高溫作業 • 噪音 85 分貝以上作業 • 游離輻射作業 • 異常氣壓作業 • 鉛作業 • 四烷基鉛作業 • 粉塵作業 ・經指定之有機溶劑作業 ・經指定之特化物質作業	依年齡別定期檢查，每年依法規項目實施特殊體檢（並辦理職前的體格檢查）。		
	② 急救人員設置	每一班次至少一人，勞工人數超過 50 人，每增加 50 人，增設一人。		
	③ 異常者追蹤管理	應對體檢異常者調派工作或實施追蹤管理。		
(4) 教育訓練	① 職業安全衛生業務主管： a. 甲種業務主管 41 小時 b. 乙種業務主管 33 小時 c. 丙種業務主管 13 小時	應受業務主管教育訓練，並取得結業證書。		
	② 危險性機械操作人員	應受 56 小時之安全衛生教育訓練。		

項目	內容	法令規定	公司現況	建議
(4) 教育訓練	③ 危害作業主管（有機溶劑、缺氧、特化物質、粉塵等作業）	應受 18 小時之安全衛生教育。		
	④ 特殊作業勞工(吊升荷重未滿五公噸之固定式起重機、移動式起重機、人字臂起重桿等操作人員)	應受 18 小時之安全衛生教育。		
	⑤ 新進人員	應受三小時安全衛生教育。		
	⑥ 主管人員	應受十小時安全衛生教育。		
	⑦ 工作異動者	視工作性質排定。		
(5) 事故調查與處理	① 事故調查與處理規定	對於意外事故應進行發生原因調查分析。		
	② 職災月報表	應按月呈報勞檢所。		
	③ 意外事故改善措施及追蹤管理	應對調查結果擬定改善對策，並追蹤改善結果。		
(6) 危害控制	① 危害通識 a. 危害通識計畫書 b. 危害性化學品標示 c. 安全資料表 d. 危害通識教育	依法規要求存放危害性化學品之容器需依規定標示並製作 SDS 置於工作場所。 相關作業勞工(3hrs)。		
	② 作業環境監測	（參表 5.11）		
	③ 噪音危害控制	◆ 危害預防事項公告。 ◆ 防護具配戴。		
	④ 有機溶劑危害控制	◆ 危害預防事項公告。 ◆ 防護具配戴。 ◆ 每週檢點。		
	⑤ 特定化學物質作業場所	◆ 危害預防事項公告。 ◆ 防護具配戴。		

項目	內容	法令規定	公司現況	建議
(6) 危害控制	⑥ 粉塵作業場所	◆ 危害預防事項公告。 ◆ 防護具配戴。		
	⑦ 消防設備	應依消防法規辦理。		
	⑧ 一般機械安全防護	依機械器具防護標準之規定設置。		
	⑨ 危害性機械安全防護（五公噸以上起重機、一公噸以上升降機）	◆ 過負荷防止裝置、過捲防護裝置。 ◆ 終點極限開關、緊急停止裝置、連鎖裝置。		
(7) 安全作業規章	① 安全衛生工作守則	需訂定並經過勞工代表簽字，報檢查機構核備後，公告周知。		
	② 作業許可管制（動火作業、高空作業）	應於作業前確認相關防護措施是否妥當。		
(8) 緊急應變	① 緊急應變計畫	對於工作場所有貯存危害物質之場所，應設置防洩漏之應變計畫。		
	② 緊急應變教育及演練	對於上項計畫相關員工之教導及實際演練。		
(9) 個人防護具	① 個人防護具使用資料	個人防護具之領用及更換需留紀錄備查。		
	② 個人防護具使用規定	應制定書面規定，內容包括防護具的種類、使用規範及使用場所。		
	③ 教導員工使用、保養個人防護具之資料	應教導員工正確使用防護具及保養方法。		
(10) 安全衛生室宣導與激勵	① 安全衛生宣導資料	應定期及不定期宣導有關安全衛生規定。		
	② 安全衛生獎勵措施	建議應對推行安全衛生優良單位或人員給與合適之獎勵。		

表 5.7　管理單位之設置

風險級數	事業類別	管理單位	
高度風險	第一類事業 （營造、製造業……）	事業單位	專責一級單位 （100 人以上）
		總機構	專責一級單位 （100 人以上）
中度風險	第二類事業 （餐旅、醫療業……）	事業單位	一級單位 （至少一人專職） （300 人以上）
		總機構	一級單位 （至少一人專職） （500 人以上）
低度風險	第三類事業 （新聞、電視業……）	事業單位	不需
		總機構	管理單位 （3,000 人以上）

表 5.8　應設置之管理人員

事業	規模（勞工人數）	應置之管理人員
第一類事業之事業單位（顯著風險事業）營造業以外之事業單位管理單位專責一級	100 人以上未滿 300 人者	甲種職業安全衛生業務主管及職業安全衛生管理員各一人。
	300 人以上未滿 500 人者	甲種職業安全衛生業務主管一人，職業安全（衛生）管理師及職業安全衛生管理員各一人以上。（營造業）
	500 人以上未滿 1,000 人者	甲種職業安全衛生業務主管一人，職業安全（衛生）管理師一人及職業安全衛生管理員二人以上。（營造業）
	1,000 人以上者	甲種職業安全衛生業務主管一人，職業安全（衛生）管理師及職業安全衛生管理員各二人以上。
第二類事業之事業單位（中度風險事業）管理單位一級	300 人以上未滿 500 人者	甲種職業安全衛生業務主管及職業安全衛生管理員各一人。
	500 人以上者	甲種職業安全衛生業務主管、職業安全（衛生）管理師及職業安全衛生管理員各一人以上。
第三類事業之事業單位（低度風險事業）不需設管理單位	100 人以上未滿 500 人者	甲種職業安全衛生業務主管。
	500 人以上者	甲種職業安全衛生業務主管及職業安全衛生管理員各一人。

表 5.9　從事勞工健康服務之醫師人力配置及臨廠服務頻率表

事業性質分類	勞工人數	人力配置或臨廠服務頻率	備註
第一類	300~999 人	1 次／月	勞工人數超過 6,000 人者，其人力配置或服務頻率，應符合下列之一之規定： 1. 每增 6,000 人者，增專任從事勞工健康服務醫師一人。 2. 每增勞工 1,000 人，依下列標準增加其從事勞工健康服務之醫師臨廠服務頻率： (1) 第一類事業：3 次／月 (2) 第二類事業：2 次／月 (3) 第三類事業：1 次／月
	1,000~1,999 人	3 次／月	
	2,000~2,999 人	6 次／月	
	3,000~3,999 人	9 次／月	
	4,000~4,999 人	12 次／月	
	5,000~5,999 人	15 次／月	
	6,000 人以上	專任職業醫學科專科醫師一人	
第二類	300~999 人	1 次／2 個月	
	1,000~1,999 人	1 次／月	
	2,000~2,999 人	3 次／月	
	3,000~3,999 人	5 次／月	
	4,000~4,999 人	7 次／月	
	5,000~5,999 人	9 次／月	
	6,000 人以上	12 次／月	
第三類	300~999 人	1 次／3 個月	
	1,000~1,999 人	1 次／2 個月	
	2,000~2,999 人	1 次／月	
	3,000~3,999 人	2 次／月	
	4,000~4,999 人	3 次／月	
	5,000~5,999 人	4 次／月	
	6,000 人以上	6 次／月	

表 5.10　從事勞工健康服務之護理人員人力配置表

勞工作業別及人數		特別危害健康作業勞工人數			備註
		0~99	100~299	300 以上	
勞工人數	1~299		專任 1 人		1. 所置專任護理人員應為全職僱用，不得兼任其他與勞工健康服務無關之工作。 2. 勞工總人數超過 6,000 人以上者，每增加 6,000 人，應增加專任護理人員至少 1 人。 3. 事業單位設置護理人員數達 3 人以上者，得置護理主管 1 人。
	300~999	專任 1 人	專任 1 人	專任 2 人	
	1,000~2,999	專任 2 人	專任 2 人	專任 2 人	
	3,000~5,999	專任 3 人	專任 3 人	專任 4 人	
	6,000 以上	專任 4 人	專任 4 人	專任 4 人	

表 5.11 應實施作業環境監測之場所及項目

應實施作業環境監測之作業場所	監測項目	紀錄事項	定期監測期限	紀錄保存期限
1. 設置中央管理方式之空氣調節設備之建築物室內作業場所	二氧化碳	1. 監測時間（年、月、日、時） 2. 監測方法 3. 監測處所 4. 監測條件 5. 監測結果 6. 監測者姓名 7. 其他有關防範措施	六個月	三年
2. 坑內作業場所礦場地下礦物之試掘、採掘場所。 隧道掘削之建設工程之場所前二項中已完工可通行之地下通道。	粉塵、二氧化碳	同上	六個月	三年
3. 噪音之室內作業場所（勞工工作日時量平均音壓級超過 85 分貝時）	噪音	同上	六個月	
4. 高溫作業場所	綜合溫度熱指數	同上	三個月	三年
5. 粉塵危害預防標準所稱特定粉塵作業場所	粉塵濃度	同上	六個月或作業條件改變時	十年

表 5.11　應實施作業環境監測之場所及項目（續）

應實施作業環境監測之作業場所	監測項目	紀錄事項	定期監測期限	紀錄保存期限
6. 有機溶劑中毒預防規則所稱有機溶劑之場所	有機溶劑濃度	同上	六個月	三年
7. 特定化學物質危害預防標準所稱特定管理物質（乙類或丙類）室內作業場所	乙類或丙類危害質濃度	同上	六個月	三十年
8. 接近煉焦爐或於其上方從事煉焦之場所	溶於苯之煉焦爐生成物之濃度	同上	六個月	三年
9. 鉛中毒預防規則所稱鉛作業之室內作業場所	鉛濃度	同上	每一年	三年
10. 四烷基鉛中毒預防規則所稱四烷基鉛之室內作業場所	四烷基鉛濃度	同上	每一年	三年

註：本表主要依據：《勞工作業環境測定實施辦法》之規定。

5.4 事業單位安全衛生管理實務缺失

下列各項為事業單位在安全衛生管理方面常見之共同缺失：

1. 運作化學物質現場沒有置放 SDS。
2. SOP（標準作業程序）(Standard Operating Procedure)未標示於現場。
3. 危害性化學品容器未予標示或標示不全或標示錯誤（容器內裝 A，標示成 B）。
4. 滅火器沒有固定或未標示位置或乾粉過了時效。
5. 鋼瓶未直立或以鏈條加以固定。
6. 勞工未佩戴個人防護具(Personal Protective Equipment, PPE)。
7. 未擬訂緊急應變計畫(Emergency Response Plan)或未演練。
8. 貯槽附近未設防溢堤。
9. 沒有落實自動檢查計畫。
10. 消防栓前面未淨空。
11. 未依規定確實實施作業環境監測或監測項目不全。
12. 未依法設置安全衛生管理單位。

5.5 危險物質安全處置一般原則

一、製造方面應注意事項

危險物質製造場所的安全措施應在流程設計時依原料、半成品、成品，在反應中的各項危險因素加以考慮，並裝設完成。製造時，操作人員應熟悉流程控制、危險因素，並施以應變措施訓練，隨時檢點各設備狀況及製造場所之溫度、濕度、通風排氣、電氣設施等，發現有異常即予處理，並隨時將檢查結果加以記錄。定期對生產設備、安全裝置、防護器具檢查、保養、記錄之。

二、搬運方面應注意事項

1. 容器方面

(1) 應以適當材料裝載所搬運的危險物質。

(2) 所包裝的材料應避免破損、翻倒、墜落、碰撞為主。

(3) 容器或包裝外應註明品名、成分、數量、安全上應注意事項。

2. 交通工具方面

(1) 應依有關交通法規，於車輛上設標示。

(2) 交通工具上應置適當消防設備及安全設施。

(3) 行走路線，中途停車等均應選擇安全場所。

(4) 裝卸貨時應先熄火、剎車，必要時設備應接地。

3. 管理方面

(1) 應有專門管理人員隨車，並於出發前檢查各項設施。途中若有危險物質發生事故，應即採緊急措施，並即報告有關機關。

(2) 容器裝置應開口向上，避免日光直射、雨水浸透、激烈衝撞。

(3) 不得接近有火花的場所。

(4) 裝載數量、品名應確實記載，到達目的地後查核是否相符。

三、使用方面應注意事項

危險物質的使用，其設備上應將建築物、工作場所必須之安全、消防設備預先設置，使操作人員熟悉危險物質種類、特性、應變方法，並對工作場所隨時作各項檢點、檢查、記錄，並作定時保養。有關工廠之溫度、濕度、通風、電氣設施等均與製造危險物質時不同，必須時時注意。

四、貯存方面應注意事項

1. 消防系統

各類場所消防安全設備設置標準，對消防的規定依工作場所的危險性工作面積大小，從滅火器、自動警報系統及廣播設備、自動滅火系統，到消防栓、幫浦、消防車等，均有詳細規定。尤其各種不同滅火系統所適用的火災種類也加以說明。因此，對藏置危險物質的高度危險場所，應就危險物質種類，依規定配置適合的滅火系統。

2. 電氣系統

(1) 所有電氣設備應採用防爆型裝置：例如：具有引火性液體之蒸氣或可燃性氣體及爆炸性物質等之場所，極易因稍微火花而發生爆炸，均須使用防爆型開關、線路、馬達等。

(2) 避電設備：危險物質之貯存場所或製造及使用場所，應架設地線以防漏電或靜電產生，並應使用不易產生靜電之物質。

(3) 避雷設備：危險物質之貯存場所或製造及使用場所，應架設符合規格之避雷裝置，以防落雷引發災害。

五、各類危險物質處置方法

表 5.12 所示為各類危險物質處置方法。

表 5.12　各類危險物質處置方法

類別	處置方法
爆炸性	不得衝撞、摩擦、嚴禁煙火。禁止一次處置過量用料，避免貯存於高溫，不通風場所。
著火性	禁止與濕氣或水接觸，避免與皮膚接觸。應遠離明火及其他可能發生火源之設備、物料。
氧化性	避免與還原性或有機物質接觸，並勿使撞擊或摩擦。貯存時應分類、分室，嚴禁煙火。

▌表 5.12　各類危險物質處置方法（續）

類別	處置方法
引火性	極易引火，應遠離火源、禁止煙火，並準備適當之滅火設備。於貯存中應密封以免蒸氣外洩，工作場所應通風充足，以免蒸氣濃度達到爆炸範圍。處置場所應有靜電消除設備。
可燃性	不可洩漏或排放大氣中，不可使用明火，注意安全閥操作功能；有熔接作業時應檢點濃度在安全界限內方可，對鋼瓶類貯存應直立、固定、通風良好、溫度低、消防設施良好，嚴禁煙火。
粉塵	注意整潔，勿使粉塵積聚或以壓縮氣體吹散之。機械設備以防塵型為主，粉塵場所輸送、研磨通常通入惰性氣體，消防設備最好使用噴霧式。

5.6 危險物品之貯存

一、易燃性液體之貯存

1. 將易燃液體置於封閉的金屬容器或安全桶內，絕不可使用玻璃容器。
2. 工作地區不可放置大量易燃液體，如工作需要應隨用隨取。
3. 消除或控制所有著火的來源，例如：靜電、吸菸及直接火焰。
4. 可燃性液體的容器與熱源保持適當的距離。
5. 使用或貯放可燃性液體的所有作業，應保持適當的通風。
6. 貯放大量可燃液體於單獨的防火建築內，貯存箱應通風良好，置於磚造成的水泥座上或土堤圍繞之。
7. 處理廢棄的可燃液體時，應在隔離的安全地區燒燬之，決勿將廢棄的液體傾倒溝渠內。

二、爆炸性物質之貯存

1. 爆炸性物質貯存於防爆的建築之內，並注意貯存場所與其他建築物之間應保持安全距離。
2. 防止煙火或因撞擊、摩擦、靜電等原因發生之火花或高熱出現在爆炸物的貯運過程中。
3. 嚴禁氧化性與還原性物質有任何可能的混合或接觸，例如應分區存放，容器、搬運工具均不可濫用，以防沾染而發生混合反應爆炸。

三、危險化學品之貯存

1. 盛酸鹼容器不要放在強烈陽光下，否則可能熱脹而爆炸或容器脹裂而發生漏濺危險。
2. 不得將強酸強鹼，成層堆積。
3. 強酸強鹼容器之外層，應加木製或籐製之護桶，以利搬運。
4. 除非特別指示，否則酸鹼容器使用後不必逐次清洗。不可使用壓縮空氣或蒸氣清滌酸鹼管線或吹入酸鹼容器中，否則可能爆破或因摩擦發火。

四、高壓氣體的使用與貯存

依據《職業安全衛生設施規則》之規定，高壓氣體之使用與貯存，宜注意下列事項：

1. 容器使用應注意事項：

(1) 確知容器之用途無誤，方能使用。
(2) 容器應標明所裝氣體之品名，不得任意灌裝或轉裝。
(3) 容器外表顏色不得擅自變更或擦掉。
(4) 容器搬動不得粗莽或使之衝擊。
(5) 容器使用應加以固定。
(6) 容器應妥善管理，整理。

2. 高壓氣體貯存應注意事項：

(1) 貯存場所應有適當之警戒標示，禁止煙火接近。

(2) 貯存周圍二公尺不得放置煙火及著火性、引火性物品。

(3) 盛裝容器和空器應分區分置。

(4) 可燃性氣體、有毒性氣體及氧氣之鋼瓶，應分開貯存。

(5) 應安穩置放並加固定及裝妥護蓋。

(6) 容器應保持在攝氏 40℃以下。

(7) 貯存處應考慮於緊急時便於搬出。

(8) 通路面積以確保貯存處面積 20%以上為原則。

(9) 貯存處附近，不得任意放置其他物品。

(10) 貯存比空氣重之氣體，應注意低窪處之通風。

5.7 火災形成原理及滅火方法

一、三角形燃燒原理

火災的發生必須具備氧氣或空氣、溫度(高溫)及燃料三者作用而形成，其中缺一則無法發生燃燒作用。由於三要素之結合成為一三角形，故稱為燃燒三角形，如圖 5.5 所示。因一燃料加熱達到其燃燒點時，即著火燃燒，如繼續不斷的供應其氧氣與可燃物而使其保持在燃點以上時，則火持續不滅。換言之，其中任何一要素不存在則火即自然熄滅。

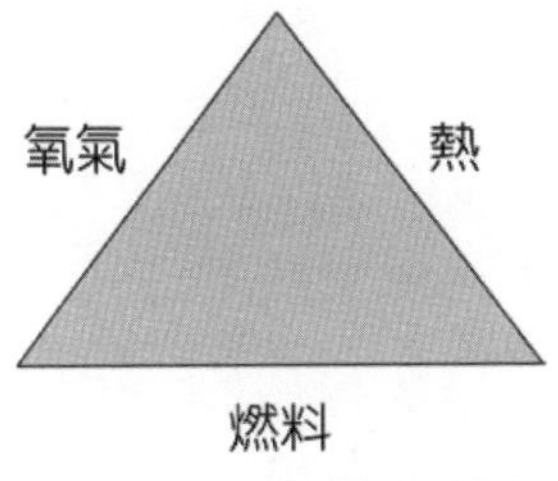

▲圖 5.5　燃燒三角形

二、正四面體燃燒原理

另一種學說，認為物質燃燒除了應具備上述的可燃物、溫度與氧氣等要素外，另加一種連鎖反應。根據燃燒的分析，發現可燃物的分子開始與空氣中的氧氣作用而燃燒，係經過一連串中間的不穩定階段，由這一階段使分子活性化形成游離氫離子(H^+)與氫氧離子(OH^-)。此種游離子乃是火勢擴大燃燒的基本條件，由於其產生的速率遠比其消失的速率大，因而能迅速的擴大能量而促進火的延燒，是為火的燃燒正四面體原理，如圖 5.6 所示。

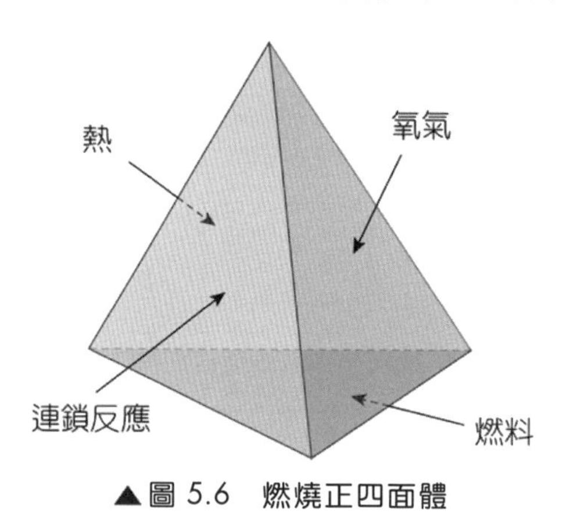

▲圖 5.6　燃燒正四面體

三、滅火的方法

了解了火的形成原理之後，對於滅火的方法就具有相當的認識，例如：可燃物可用隔離法，氧氣可用窒息法，熱能可用冷卻法，而連鎖反應可以用抑制法以控制火勢的延燒與擴展，最後達到滅火的目的，各種滅火的方法說明如下：

1. 隔離法

移開或斷絕燃燒中的物質，使受熱面減少，以減弱火勢或阻止延燒以達到滅火的目的。

2. 冷卻法

將燃燒物用水或化學品冷卻至其燃燒點以下，使其熱能減低，亦能使火自然熄滅。

3. 窒息法

使燃燒中氧氣的含量減少，可以達到窒息火災之效果。通常採取下列各種方法：

(1) 以不燃性氣體覆蓋燃燒物。

(2) 以不燃性泡沫覆蓋燃燒物。

(3) 以固體覆蓋燃燒物，密閉燃燒中的房間。

4. 抑制法

中斷燃燒中之游離子，可加入氯(Chlorine)、溴(Bromine)、碘(Iodine)、氟(Fluorine)等之鹵素(Halogen)族及鉀(Kalium)、鈉(Sodium)等之鹼金屬(Alkai metals)，具有上述中斷燃燒之連鎖反應作用。

5.8 易燃性氣體

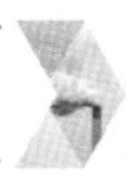

易燃性氣體不需要任何加熱即可隨時燃燒，亦即易燃性氣體沒有閃火點，但有易燃範圍(Flammable range)。易燃範圍又稱爆炸範圍(Explosive range)。易燃範圍，簡言之，即為空氣與燃料比會發生燃燒的上下限。

易燃性氣體（(1)液化石油氣；(2)其他可燃性氣體，如天然氣；(3)可燃性液體的蒸氣，如苯、乙醇、乙醚等）皆可與空氣混合，此混合氣體達到某一濃度範圍，使之著火，則迅速燃燒，產生爆炸，此一濃度範圍，稱之為易燃(或燃燒)範圍或爆炸範圍。其最低濃度為爆炸下限(Lower Explosive Limit)，最高濃度為爆炸上限(Upper Explosive Limit)。此界限值稱為爆炸界限或燃燒界限(Limits of flammability)。

工業用數種易燃性氣體以液體狀態裝運，常見者為丙烷(propane)、丁烷(butane)、丙烯(propyiene)、丁二烯(butadiene)，而以氣體狀態搬運者有甲烷(methane)、乙烷(ethane)、乙炔(acetylene)等三種。

一、緊急應變措施

易燃性氣體發生外洩時，所採取的緊急應變措施，可分兩種情況討論：

1. 未引燃或未燃燒的情況下，宜採取下列措施

(1) 一般人從外洩處向下風疏散。救援人員到達現場，勿開動器具通過蒸氣雲。不可讓閒人在現場圍觀。

(2) 從上風處及蒸氣雲處開始撲滅。

(3) 辨認外洩的是何種易燃性物質。

(4) 使用適當的方法撲滅之。例如易燃性氣體為水溶性，可用水霧撲滅之。

(5) 可能的話，關閉閥，停止該氣體外洩。

2. 引燃或已燃的情況下，宜採取下列措施

(1) 已經燃燒的氣體外洩，除非外洩能立即停止，否則不應實施滅火行為。因為未燃燒，外漏出來的蒸氣，能飄飛過廣大的區域，一旦遠處有火種而使蒸氣引燃，能造成相當大的傷害及財產損失。

(2) 任何暴露於氣體火災的表面，需保持冷涼。若暴露於加壓的容器，可能會發生 bleve（見下節說明）。宜使用大量的水將（壓力）容器冷卻。

(3) 在水霧蒸氣掩護下，可試圖將供輸燃料的閥關閉。

(4) 若閥不能關閉，則控制燃燒情況，讓燃料燒掉，而不再波及其他可燃物。

二、Bleve

Bleve 為滾沸液體膨脹蒸氣爆炸(Boiling Liquid Expanding Vapor Explosion)的簡寫。Bleve 發生在裝液化氣體，加壓的容器之內。其發生順序如下：

1. 加壓的液化氣體的貯槽或容器內有氣體和液體。貯槽設置釋壓閥來釋放超過正常的壓力（圖 5.7）。
2. 貯槽或容器外面若有火焰，則危及貯槽（圖 5.8）。

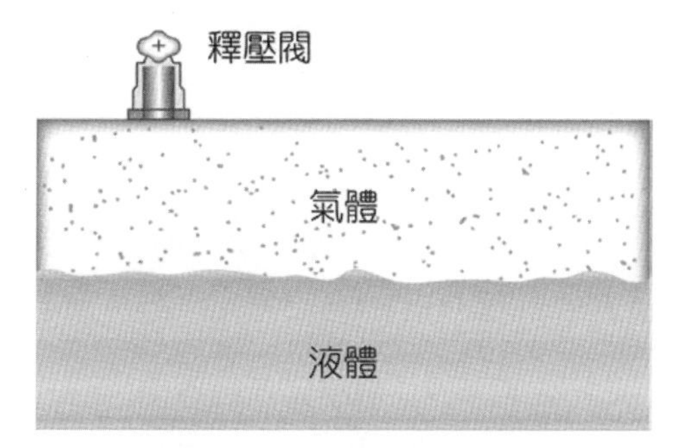

▲圖 5.7　加壓的液化氣體

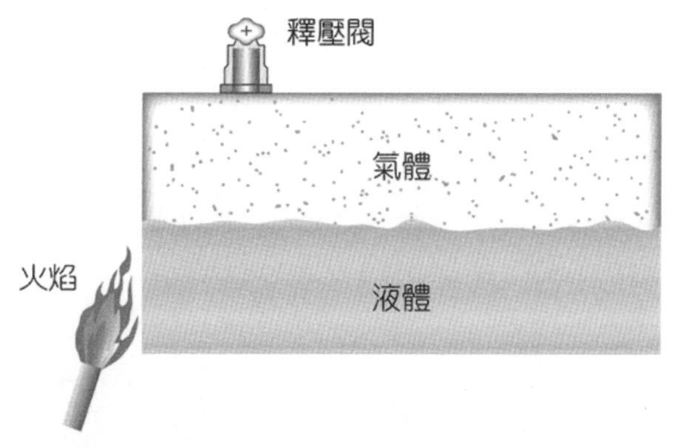

▲圖 5.8　火焰燃及液化氣體

3. 外面的火焰使貯槽內部的溫度升高，液體溫度隨之升高，形成多量的氣體。貯槽內的壓力增加，達到釋壓閥的設定壓力，而將釋壓閥打開（圖 5.9）。

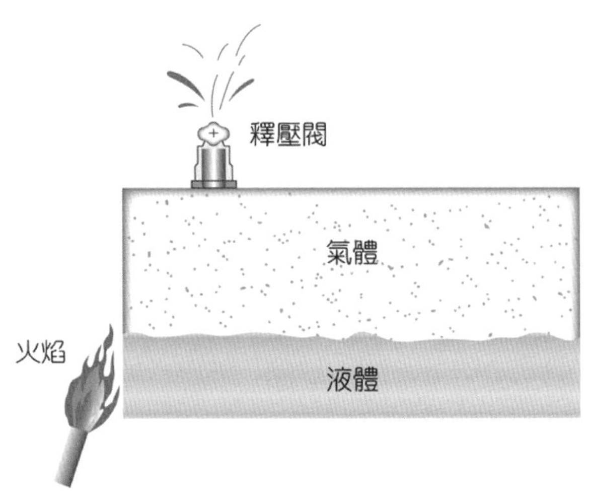

▲圖 5.9　釋壓閥開始作用

4. 若外面的火焰仍不停地燃燒，將產生更多的氣體，從釋壓閥排出。此時，液面逐漸下降至火焰接觸容器以下的地方，若溫度繼續升高，貯槽的金屬外殼因不再有液體來移開熱，將承受不了而變脆弱（圖 5.10）。

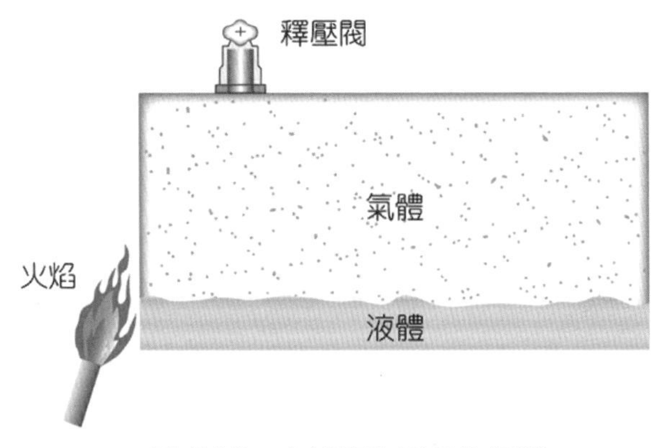

▲圖 5.10　火焰產生更多的氣體

5. 最後，金屬疲勞使得內部壓力超過金屬的破壞強度，則發生 Bleve，金屬爆裂，殘留的液體立即釋出。金屬外殼破片能飛到數百公尺以外的地方。若貯槽內裝一個封閉的小容器，則此小容器也會爆炸裂開，其破片也可飛到數百或一千公尺以外的地方（圖 5.11）。

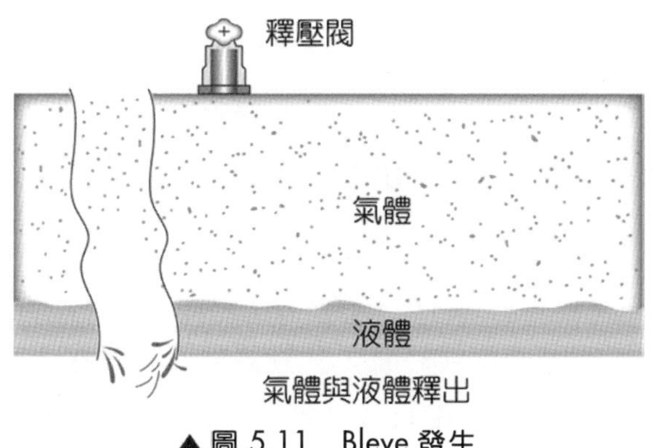

▲圖 5.11　Bleve 發生

習題

1. 試述職業衛生暴露控制之三個要素。
2. 進行危害鑑定時，工廠巡視之主要目的為何？
3. 試說明道氏火災與爆炸指數計算之程序。
4. 試述危害物之預防及改善措施有哪些方法？
5. 試述局排及整體換氣設計上應注意哪些事項？
6. 試述 ISO 9001、ISO 14001、OHSAS 18001 有何異同？
7. 試述 ISO 14001 之精神。
8. 何謂 PDCA？試述 OHSAS 18001 之重要內容。
9. 事業單位進行工安查核或自評時，其查核項目有哪些？
10. 職業安全衛生法規定，事業單位應設置合格急救人員辦理急救事宜，其設置標準為何？合格急救人員應具備之資格及限制為何？
11. 哪些有害作業應設置有害作業主管實施監督，並使其接受有害作業主管安全衛生訓練？
12. 為避免有害物質危害，應訂定職業病防止計畫，其具體內容列舉五項。
13. 試依法規說明設置醫療單位之規模及其成員並所辦理之事項。
14. 試依法規說明製造業設置安全衛生管理單位、主管之規模。
15. 試列舉應實施作業環境監測之場所及項目。
16. 試列舉事業單位安全衛生管理實務上容易發生之缺失十個。
17. 試說明危險物質貯存上一般應注意事項。
18. 試說明各類危險物質應如何處置？
19. 何謂 BLEVE？
20. 易燃性液體應如何貯存，試述之。
21. 高壓氣體之使用及貯存應注意事項，試述之。
22. 易燃性液體貯槽進行清潔工作時，應注意哪些事項？

23. 試述因物質（固、液、氣態等）狀態所產生之爆炸種類。
24. 因靜電導致工業火災的原因為何？工廠中有哪些設備會引起靜電火花？如何預防靜電引起的火災？
25. 說明燃燒三角錐原理（或四要素）。並根據此原理引申出四種滅火的方法。
26. 工業爆炸發生的原因有哪些，請扼要說明。
27. 火災自動警報系統中，偵測器的種類有三種，試列舉之。並說明其作用原理。
28. 敘述氣體所引起火災的原因及其滅火方式。
29. 工廠之爆炸災害可分為單純之爆炸災害以及誘發火災之爆炸災害兩種不同型態。分別說明此兩種爆炸災害之防範對策。
30. 何謂粉塵爆炸？其種類原因？影響粉塵爆炸因素？如何防範？
31. 試說明液化石油氣罐裝作業，可能產生火災爆炸的原因及其防範對策。
32. 試依《職業安全衛生設施規則》條列危險物應如何防火防爆？

勵志小語

樂觀與悲觀

有位教師進了教室，在白板上點了一個黑點。

他問班上的學生說：「這是什麼？」

大家都異口同聲說：「一個黑點。」

老師故作驚訝的說：「只有一個黑點嗎？這麼大的白板大家都沒有看見？」

〔默想〕

你看到的是什麼？

每個人身上都有一些缺點，但是你看到的是哪些呢？

是否只有看到別人身上的「黑點」，卻忽略了他擁有了一大片的白板（優點）？

其實每個人必定有很多的優點，換一個角度去看吧！你會有更多新的發現。

樂觀的人在每種憂患中都看到一個機會，而悲觀的人卻在每一個機會中看到一種憂患。

半空半滿之杯子，總是看好的一面，你是常抱怨或常讚美的人？

悲觀的人說：「當我看到時，我才相信。」

樂觀的人說：「當我相信時，我就看得到。」

樂觀者看到的是甜甜圈，而悲觀者看到中間有洞。

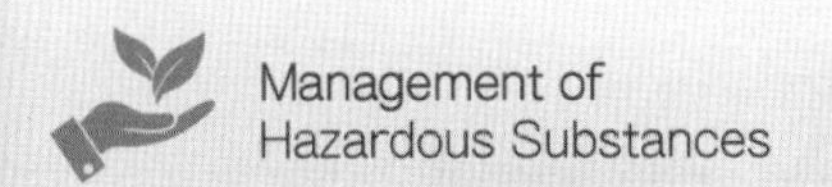

›› 第六章

毒性物質管理

6.1 前　言

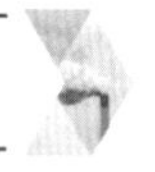

由於不同之危害性化學品會因職業暴露而對勞工健康產生不同之危害，因此，勞動部在所頒布之《特定化學物質危害預防標準》中將特定之化學物質分為甲、乙、丙、丁四類加以管制並就其特性訂定預防職業災害發生之安全措施及標準。在《有機溶劑中毒預防規則》中亦就有機溶劑作業加以規範所需安全衛生設施及作業管理。然而，危害性化學品除了會在製造、貯存、使用之過程中對勞工產生危害外，亦可能因不當之處置方式而造成環境汙染，因此危害性化學品從其出生至死亡，亦即其生命週期中（生產、製造、使用、貯存、運送、處理、處置）皆可能造成危害，亟需對其可能衍生之健康風險進行所謂風險管理。圖 6.1 所示為危害性化學品從源頭透過不同媒體再經由受體暴露而造成生物體之危害效應，進而估算健康風險，最後採取對策進行風險管理之流程。

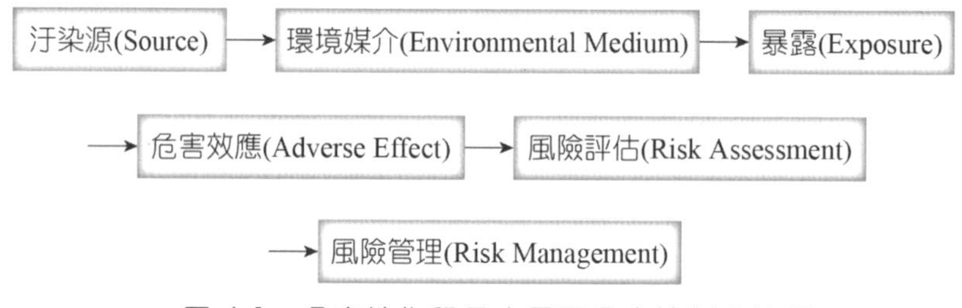

▲圖 6.1　危害性化學品之暴露危害控制之流程

6.2 基本觀念

一、毒性(Toxicity)

毒性是指對生物體結構造成破壞或功能紊亂的一種性質。通常含有毒性之物質可能經由皮膚、呼吸或口服而導致急性或慢性疾病。而物質的毒性可由 LD_{50} 或 LC_{50} 的標準試驗決定。

二、毒性化學物質(Toxic Chemical Substance)

化學物質因大量流布、環境蓄積、生物濃縮、生物轉化或化學反應等方式，致汙染環境或危害人體健康者。另外化學物質經實際應用或學術研究，證實有導致惡性腫瘤、生育能力受損、畸胎或遺傳因子突變等亦是。

三、半數致死濃度(Lethal Concentration 50%, LC_{50})

動物實驗中施用之化學物質能使 50%實驗動物族群發生死亡時所需要之濃度。通常水體生物毒理研究及生物呼吸道吸入毒理研究，是以半數致死濃度替代半數致死劑量。

四、半數致死劑量(Lethal Dosage 50%, LD_{50})

動物實驗中，能致使實驗動物產生 50%比例之死亡所需要化學物質之劑量。

五、半有效劑量(Effective Dosage 50%, ED_{50})

能使 50%實驗動物產生反應所需要之有效劑量。ED_{50} 值越低表示某種物質對某種動物之影響力越高。

六、致死時間(Lethal Time, LT)

生物體因攝入毒性物質或其他化學藥劑（不論經由何種途徑），產生死亡所需之時間；但致死時間與攝入劑量有關。

七、急毒性(Acute Toxicity)

高劑量下的化學藥劑在短時間內（通常在 24~48 小時內）對生物體所產生的致毒害效應。暴露的途徑（吸入、接觸、口服）可能為單一途徑或同時為二種或三種方式，為較易被生物體所吸收之化學藥劑，在高劑量下產生立即而致危害的毒性。

八、慢性毒性(Chronic Toxicity)

實驗性動物長期重覆給予有毒物質所致的毒性反應或損害。慢性毒性有別於急性毒性反應，是一種長期的蓄積毒性，可受衰老等多種因素的影響，此種資料是化學物質安全性評估和制定各類容許恕限標準的重要依據。

九、生物累積(Bioaccumulation)

毒性物質存留於生物組織內，經食物網的互相捕食，造成累積結果。在環境上當此物質之毒性強度低時，此作用更加重要，因為對生理健康的影響要經過長時間才會顯現。

十、生物濃縮作用(Bioconcentration)

指環境中的毒性物質可藉生物系統中食物鏈的循環反應，使其濃度在生物體內形成逐漸累積的效應。

十一、生物放大作用(Biomagnification)

隨著營養階或生物階的升高，經由生物選擇性的濃縮物質傾向。所以位於食物鏈頂的生物會累積相當高的物質濃度。

十二、恕限值(Threshold Limited Value, TLV)

為汙染物在人體代謝仍未受影響情況下之最高值，則此值稱為恕限值。一般毒性越強之物質，其恕限值越低。

十三、無效應劑量(No-Observable Effect Level, NOEL)

毒性物質評估過程使用之參考數據之一。動物實驗調查統計中，某特定化學物質對實驗動物或調查人口族群不會產生任何可觀測到之致危害效應時之劑量。

十四、致癌性(Carcinogenicity)

毒性化學物質或其他藥劑能使生物體因攝入此化學物質而導致癌之產生。此種特性稱為致癌性。

十五、致突變性(Mutagenicity)

毒性化學物質造成生物體細胞內儲存基因訊息之 DNA，在複製過程中遺傳特性之改變，此一特性可稱之為致突變性。化學物質若具有此一特性稱之為致突變性質。在生物檢定測試中，可以經由致突變性測試短時間內檢出可能之致癌物質，因化學物質若具生物致突變性，則有相當高之比例具生物致癌性。

十六、致畸胎性(Teratogenicity)

毒性化學物質在生物體內能產生影響其生殖繁衍過程之缺陷，或因致使胚胎死亡而產生之繁殖率降低，或造成子代生理、心理或行為上之缺陷，此一特性則稱之為致畸胎性。化學物質若具此一特性則稱之為致畸胎性物質。

十七、毒性化學物質(Toxic chemicals)

指工業上產、製、使用之有毒化學物質，經中央主管機關公告者。

十八、運　作(Operation)

對化學物質進行製造、輸入、輸出、販賣、運送、使用、貯存、棄置等行為。

十九、安全資料表(Safety Data Sheet, SDS)

危害性化學品標示及通識規則規定，載有化學物質製造供應商資料、物質理化特性、滅火措施、反應特性、毒性資料、急救、暴露預防措施、洩漏處理等有利於安全處理之化學物質資料表。

二十、毒性化學物質偵測及警報設備(Detector and Alarm Equipment of Toxic chemicals)

指利用儀器連續偵測、記錄環境中毒性化學物質濃度，當濃度超過設定值時，可發出警報訊號之設備。

廿一、毒性化學物質運作場所(Operating sites of toxic chemicals)

指毒性化學物質製造、輸入、輸出、販賣、運送、使用、貯存、棄置之場所與設施、管路輸送設施及其他中央主管機關公告之場所。

廿二、汙染環境(Polluting the environment)

因化學物質之運作而變更空氣、水或土壤品質，致影響其正常用途、破壞自然生態或損害財物。

廿三、釋放量(The amount of release)

指毒性化學物質運作過程釋放至環境之量。

廿四、大量流布(Broad distribution)

指化學物質由於大量產、製、使用，廣泛地散布於空氣、水、土壤、食物等環境介質中。

廿五、環境蓄積(Environmental accumulation)

指排放之化學物質因不易被分解，致滯留於各種環境介質中，例如：空氣、水、土壤等。

廿六、立即危害生命濃度(Immediately Dangerous to Life and Health, IDLH)

指 30 分鐘之接觸時間內，人類可以安全逃離現場而不致妨礙逃生或產生不可逆之危害最高濃度。

廿七、緊急應變計畫準值(Emergency Response Planning Guidelines, ERPG)

主要目的為提供業者作為緊急應變處理之用，分為三類：

1. ERPG-1（第一類緊急應變計畫準值）

任何人接觸一小時內，除了和緩的暫時性負面健康影響或特殊界定的氣味外，不致產生任何健康危害的最高濃度值。

2. ERPG-2（第二類緊急應變計畫準值）

任何人接觸一小時內，不會產生妨礙逃生或進行防護行動能力的不可逆或其他嚴重的健康影響或症狀的最高濃度值。

3. ERPG-3（第三類緊急應變計畫準值）

任何人接觸一小時內，不會對生命造成威脅的最高濃度值。

6.3 常見毒性化學物質對人體健康之影響

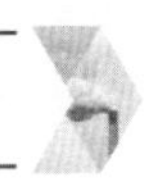

危害性化學品到底如何對人體產生影響，這是整個毒理學所要探討的範圍。簡言之，一個化學物質經由食入、吸入、皮膚吸收及靜脈、腹膜、皮下、肌肉等各種方式進入人體，大部分的化學物質，除了水溶性高的以外，均需經肝的作用，使水溶性提高，再經由膽汁及腎排出，少部分會儲存在人體的標的器官(Target organ)，而對人體造成影響。毒性物質在懷孕時的暴露，如果是脂溶毒性物和大部分重金屬，均容易經由胎盤進入胎兒體內造成危害；但是某些化學物質若儲存於標的器官，其排出的速率亦會特別緩慢。此時，在懷孕前的暴露，將來亦有可能經由胎盤進入胎兒體內，造成對胎兒的影響。圖 6.2 為毒物在體內吸收、流布及排出流程圖。

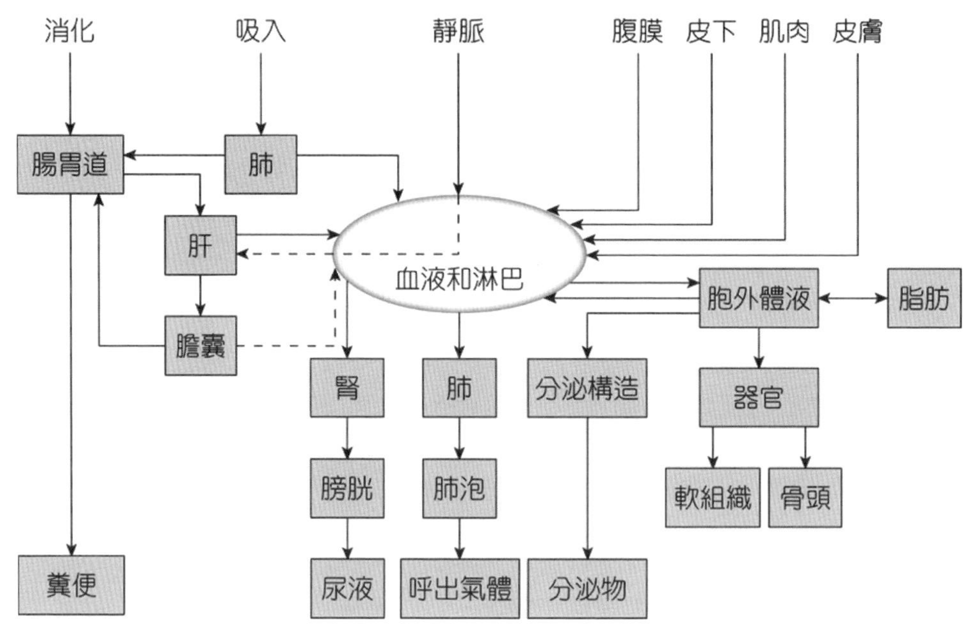

▲圖 6.2　毒性物質在體內吸收、流布及排出之路徑圖

6.4 毒性化學物質種類

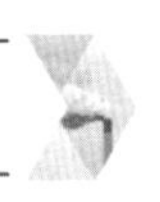

依行政院環保署所頒布之《毒性及關注化學物質管理法》之定義，毒性化學物質為會導致環境汙染危害人體健康之化學物質，且經主管機關公告者，依此可知毒性化學物質之範圍極廣，以物理狀態來區分而分為粒狀物、氣狀物、液體及固體，如表 6.1 所示。

表 6.1　毒物依物理狀態分類

狀態	說明	
粒狀物	粉塵	厭惡性粉塵：如碳酸鈣、石灰石、大理石。
		致肺纖維化粉塵：如游離二氧化矽、煤塵等。
	纖維	石綿、人造玻璃纖維、矽線石礦物。
	燻煙	金屬性燻煙（如鋅、錳、鉛、鉻……）。聚合物燻煙（如環氧樹脂燻煙……）。
氣狀物	氣體	丁烷、光氣、氯氣、一氧化碳、硫化氫。
	蒸氣	正己烷、苯、甲苯、二甲苯、三氯乙烷、四氯乙烯。
液態	金屬汞。	
固態	塑膠、聚合物。	

若依毒化物對人體健康之影響又可分類如下：

一、窒息性物質

(一) 單純窒息性物質

此類物質係指該一成分本身對人體並不致於產生毒害，但當該物質於空氣中存在比例過多時，將使氧氣含量相對降低而使人發生缺氧之危險。例如：氮氣、氫氣、甲烷以及若干惰性氣體等。

(二) 化學性窒息性物質

1. 影響肺部功能者

若干物質可能干擾呼吸中樞對肺部呼吸作用之控制，因而造成呼吸麻痺之現象。亦有若干物質對肺部會造成刺激，甚至造成肺水種而影響呼吸作用。此二類物質皆可能影響呼吸作用，而造成窒息之結果，如刺激性酸霧滴、高濃度二氧化硫等。

2. 影響血液功能者

硫化氫、硝基苯胺等物質會破壞血紅素，一氧化碳與血紅素結合而不易分離，均使血紅素失去運送氧氣之功能而造成人之窒息。

3. 破壞酵素功能者

硫化氫、氰化物等能破壞人體內之某些酵素，而使得人體利用氧氣產生能量之生理功能失效，嚴重時將致人於死。

二、刺激性物質

許多化學物質對人體皆具刺激性，一般黏膜組織如眼睛、呼吸道更易受害，大部分之酸鹼性物質對人體組織之刺激性皆很強。大氣環境品質所重視之硫氧化物、氮氧化物對人體呼吸器官也具相當之刺激性。氨、氯氣也有強烈刺激性，在國內也曾發生多起外洩而送醫之事故。

三、致過敏物質

能導致過敏之物質種類極多，且常因人而異。花粉、香料、棉塵等許多動植物之粉塵常為過敏原，較常見之症狀可能為呼吸系統之不適。

某些化學物質及玻璃纖維等則常造成皮膚症狀。二異氰酸甲苯(TDI)則常造成過敏性氣喘。

四、麻醉性物質

大部分之碳氫化合物對人體均有輕重不同之麻醉性，而麻醉性亦為有機溶劑類之普遍性作用。嚴重之麻醉性固然可能造成生命危險，但輕微之麻醉性並不致對人員產生直接傷害。值得注意者為麻醉時人員可能精神恍惚而發生跌倒、墜落或遭機械夾傷、輾傷等災害。

五、神經毒性物質

有機溶劑、四烷基鉛、重金屬、農藥等常會影響中樞神經或周邊神經而造成各種神經症狀。

六、導致塵肺症物質

塵肺症是粒狀物質所導致肺部疾病之通稱，較嚴重者會使肺部發生纖維化之病變。其中以含有石綿或結晶型游離二氧化矽之粉塵所導致之塵肺症較嚴重，且不會因停止暴露而痊癒，石綿甚至可能導致肺癌。易罹患塵肺症者為石礦或煤礦工人。

七、厭惡性粉塵

如二氧化鈦、碳酸鈣、水泥、大理石、石灰等物質雖不致導致塵肺症，但長期吸入肺部也可能造成一些肺部的疾病。

八、致發熱物

吸入銅、鋅等金屬之高溫氧化物燻煙可能導致發燒之症狀，暴露數日後則可能產生抗體而恢復，停止暴露又再次暴露時可能又有相同之症狀，稱為金煙熱或燻煙熱。某些高分子聚合物如鐵弗龍燻煙也可能發生類似之情形。

九、其他影響全身多數器官者

以下為若干常見之系統性毒物，該類物質對身體各個器官都有或多或少的傷害，舉其要者，列述如下：

(一) 有機溶劑

有機溶劑類為各種作業常使用之化學物質，其已知共通毒性為麻醉性與刺激黏膜。甲醇則會因產生代謝物甲醛與甲酸而導致失明或致死。

(二) 有機氯化物

有機氯化物如四氯化碳、二氯乙烯、三氯甲烷及三氯乙烷等常對肝臟及腎臟造成傷害；一般而言，含氯量越多對肝臟傷害越大。二氯甲烷也會對心臟造成傷害。

(三) 骨骼傷害

黃磷會造成磷毒性下顎骨壞死，嚴重時整個下顎骨會腐壞而需切除。鎘能取代骨骼之鈣質而使骨骼變脆。

(四) 影響造血器官

苯會造成造血系統、肝臟等之傷害，尤其對造血系統有特殊毒性，會導致血友病。而甲苯、二甲苯等也會對造血系統造成傷害，且有神經麻醉性，吸強力膠者即因其中含甲苯或二甲苯，長時間吸膠後對腦及中樞神經將造成嚴重傷害。鉛也會影響造血功能而造成貧血。

(五) 重金屬類

重金屬類多數會造成神經類之症狀，如鉛會導致垂腕症與腹絞痛，小兒則會導致鉛腦症。錳能導致巴金森氏症。汞化合物能致畸胎與神經症狀，鎘則會引起痛痛病。

十、致癌物質

一般而言，大部分之毒性化學物質有所謂之「安全劑量」，即進入人體之劑量相當少量時，人體可能不致有任何危害。但致癌物並無安全劑量，而需以觀念來評估；亦即致癌物只要接觸一次，致癌之機率即不等於零，機率接觸劑量越多致癌機會越大。所以致癌物應盡量減少暴露機會及暴露劑量。

以下為一般較常見之致癌物：

1. 致肺癌者：焦油類、氯氣、游離輻射。
2. 致皮膚癌者：紫外線、煤焦油、放射線、切削油。
3. 致膀胱癌者：奈胺類、聯苯胺、聯苯類。
4. 致肝癌者：氯乙烯、四氯化碳、三氯乙烯、多氯聯苯。
5. 致鼻咽癌者：鉻。

6.5 不同行業可能暴露之有害物質及其作用部位

表 6.2 所示為各行業排放之主要有害空氣汙染物，其對身體各部位之健康影響，分述如下：

一、眼

(1)甲酚：化學工業、石油冶煉；(2)對苯二酚：染料合成工業；(3)無水醋酸：紡織工業；(4)丙烯醛：化學工業；(5)氯苯：染料合成工業；(6)丁醇：油漆塗料工業。

二、上呼吸道黏膜

(1)臭氧：熔接作業；(2)硫酸二甲脂：化學工業及製藥工業；(3)無水醋酸：紡織工業；(4)鉻：鉻酸製造及製藥工業；(5)丙烯醛：化學工業；(6)硫化氫：縲縈黏液製造及家庭廢水處理；(7)丁醇：油漆塗料工業；(8)乙醛：化學工業及塗料工業。

三、肺

(1)鎳：金屬冶煉、結晶形矽；(2)礦業及鑄造業；(3)石綿：礦業及紡織工業；(4)鈹：鑄造工業及冶金工業；(5)鉻：鉻酸製造；(6)氯丙烯：塑膠工業；(7)二氯乙醚：殺蟲劑製造及石油冶煉；(8)雲母：橡膠工業及絕緣工業；(9)滑石：礦業；(10)二氧化氮：化工製造及金屬表面處理。

四、肝

(1)甲酚：化工製造及石油冶煉；(2)硫酸二甲脂：化工製造及藥劑製造；(3)氯仿：化工製造及塑膠製造；(4)四氯化碳：化工製造、乾洗及滅劑製造；(5)三氯乙烯：化工製造及金屬脫脂；(6)四氯乙烯：化工製造及金屬脫脂；(7)甲苯：橡膠工業及油漆工業。

五、皮　膚

(1)丁醇：化工製造及油漆塗料工業；(2)鎳：金屬冶煉；(3)酚：塑膠製造；(4)三氯乙烯：化工製造及金屬脫脂。

六、腦或中樞系統

(1)苯：橡膠工業及化工製造；(2)四氯化碳：溶劑製造及乾洗；(3)二硫化碳：縲縈黏液製造及橡膠工業；(4)丁胺：染料合成工業及製藥工業；(5)硫化氫：縲縈黏液製造及下水道廢水處理；(6)四乙基鉛：化工製造；(7)錳：礦業及金屬冶煉加工；(8)水銀：電器設備製造及實驗室工人；(9)鉛：汽車製造、熔煉及蓄電池製造；(10)二甲基苯胺：化工製造；(11)乙醛：化工製造；(12)硝基苯：染料合成工業及鞋油製造工業；(13)鉈：殺蟲劑製造及爆竹煙火工業。

七、心　臟

苯胺：染料合成工業、橡膠工業及油漆工業。

八、腎

(1)氯仿：化工製造及塑膠製造工業；(2)水銀：電器裝置及科學研究實驗；(3)硫酸二甲酯：化工製造及製藥工業。

九、血　液

(1)硝基苯：染料合成工業及鞋油製造；(2)苯胺：油漆工業及橡膠工業；(3)砷化物或砷化氫：金屬酸洗；(4)一氧化碳：熱處理工業及汽車修理；(5)甲苯：橡膠製造及油漆製造。

表 6.2　各行業別排放之主要有害空氣汙染物

行業別	主要有害空氣汙染物
紙漿人纖業	H_2S、CO_2。
表面塗裝業	酚、甲基酚、乙基酚、丙酮甲苯、二甲苯、苯乙烯、三氯乙烷、丁醇、乙醇、丁酮、甲基異戊酮、醋酸乙酯、醋酸丁酯。
塑、橡膠業	甲苯、苯乙烯、苯、二甲苯、氯乙烯、甲荃、DMF、丁酮(MEK)、甲醇、丙酮、甲基異戊酮。
石油化學業	酚、1.1-二氯乙烷、1.2-二氯乙烷、氯乙烷、丁酮(MEK)、丙酮、甲基異戊酮、二甲醚、錳、鋅、鉻、廷、鎘、銅、氰、砷、硫化、氨、鉛。
PU 合成皮業	丁酮(MEK)、甲苯、醋酸乙酯、DMF。
化學肥料業	氯化氫、氟、氮。
電子半導體業	二甲苯、苯、1.1.1-三氯乙烷、丙酮、乙苯、甲苯、二氯甲烷、氯仿、硝酸、氯化氫、氟化氫。
焚化爐業	氯化氫、氟、重金屬（鉛、鎘）、氯乙烯、PHA、戴奥辛、PCBs、石綿、呋喃。
陶瓷業	氟、重金屬（鉛）。
乾洗衣業	苯、二甲苯、四氯化乙烯、三氯乙烷、三氯氟乙烷。

表 6.2　各行業別排放之主要有害空氣汙染物（續）

行業別	主要有害空氣汙染物
磚瓦窯業	氟。
石綿業	石綿。
電子業	丙酮、丁醇、丁酮(MEK)、三氯乙烷、三氯乙烯、甲苯、二甲苯、乙醇、醋酸乙酯、醋酸丁酯、二氯甲烷、氯仿、四氯甲烷、三氯乙烷。
農藥類	苯。

6.6 影響毒性作用強度之因素

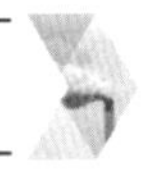

一、暴露途徑

有害物質可經由吸入、食入、皮膚吸收等進入體內，進入途徑影響有害物質在體內吸收傳播之速率；吸收使有害物質通過身體屏障而進入血液循環全身。

二、進入速度

有害物質一旦經過身體屏障進入血液即有機會擴散至全身，其擴散作用受通過細胞膜之能力及其與身體各部位之親和力影響。

三、滯留及排洩

有害物質在身體內滯留之時間影響毒性物質作用之強度，一般以生物半衰期表示，另外毒性物質之移位能力亦會影響該物質是否與蛋白質結合、移走或由腎臟排除。

四、化學物質間之反應

多種化學物質同時暴露時可能會有協同作用或拮抗作用，如當腎受水銀影響再暴露於砷時會加重毒性作用；而臭氧及硫化氫同時存在時，則毒性作用會減低。

(一) 相乘效應

石綿＋吸菸⇒肺癌，其死亡率比如表 6.3 所示。

鐳＋吸菸⇒肺癌

表 6.3　死亡率比(Mortality Ratio)

		石綿暴露	
		有	無
吸菸	有	53.24	10.85
	無	5.17	1.00

(二) 相加效應

二氧化硫＋二氧化氮⇒降低嗅覺機能
鉛＋砷＋鎘⇒貧血

五、化合物之構造

化合物之結構不同，作用之器官及組織也會不同。如四氯化碳等氯化烴類對肝之作用；重金屬對骨之作用；鉻引起鼻中隔穿孔。

六、環境因子

包括溫度、濕度、壓力及輻射等。有害物質之吸收、新陳代謝和排泄等過程均與溫度有關。

七、社會因素

精神壓力也會影響毒性物質之毒性作用，如經濟問題等。

八、個人因素

年齡、性別、基因等都會影響個人之新陳代謝基轉，年齡尤其影響其解毒能力。如老年人之容毒能力會隨年齡減少；身體健康者較健康不佳者較不易受化學物質之影響；基因影響新陳代謝轉化作用；肥胖使人更容易受有機溶劑中毒。

九、暴露濃度

高濃度短時間暴露或低濃度長時間之暴露均可能對人體造成影響。

十、暴露時間

暴露時間越長，同一濃度引起中毒之機會越大。

6.7 毒物吸收代謝

毒物進入人體，可經由圖 6.3 下列途徑進行代謝。

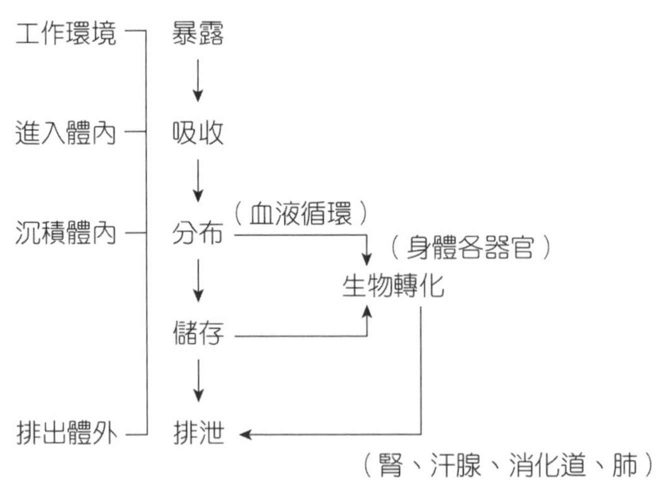

▲圖 6.3　毒物進入人體途徑

圖 6.4 為鉻在人體中之流程，吾人可以藉排泄物之分析，了解毒化物在生物體中之變化及其對生物體之影響。

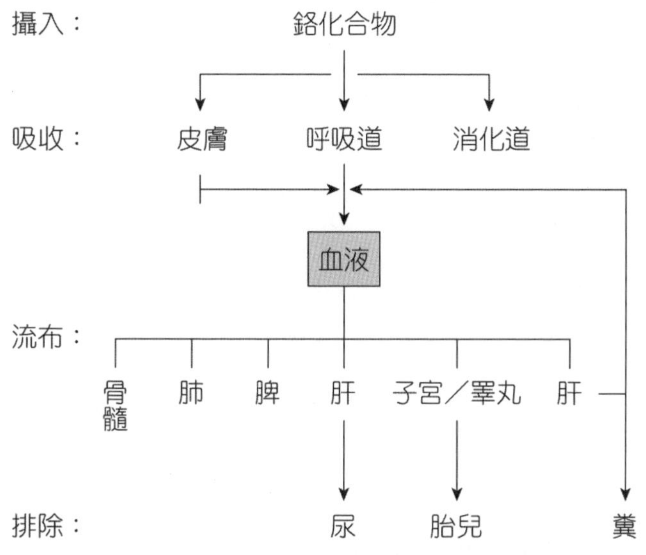

▲圖 6.4　鉻化合物在人體中之吸收及流布

6.8 毒化物之改善防範對策

一、作業環境改善

(一) 由發生源改善

1. 取代

如使用劇毒物質時，應盡量以低毒性物質取代之。如無法取代時則應減少用量或改變使用方法，以減少有害物外洩機會。

選擇取代物時，氣味強烈與否並非最優先考慮之因素，而應以其毒性列為優先考慮。但完全無氣味或有香氣之物質最好避免，因勞工易因忽略其毒性而造成暴露劑量之增高。事實上要解決化學物質危害問題，最根本之方法為不用化學物質。

2. 密閉或隔離（自動化遙控）

有時以密閉之系統也能有效阻隔有害物之發生。自動化或遙控之製程也可有效減少人員接觸化學物質之機會。

3. 變更製程或作業方法

作業程序之變更有時可有效預防危害，例如某些粉塵作業如允許先加入液體原料或水分再攪拌時，可防止粉塵之飛揚。有時移動發生源位置也可減低暴露人數或易於作進一步之改善。例如將發生源由工作場所中央移至窗口，以便裝設排氣裝置或將其移入隔離之房間。

4. 局部排氣裝置

如果無法使用密閉之裝置，有害物必然會發散時，可採用局部排氣裝置加以排除。

(二) 由擴散路徑改善

1. 拉遠排放源與勞工距離

距離可使勞工暴露濃度降低。

2. 整體換氣

如無法裝設局部排氣時，也可裝置整體換氣裝置，但須注意是否符合法規之規定，因部分高毒性之化學物質並不容許以整體換氣取代局部排氣裝置。在使用整體換氣裝置時應注意氣流流線之安排，才能發揮應有之效果。

二、行政管理

行政管理係指以管理之方式減少勞工之暴露。可採取以下之方式：

(一) 暴露時間調整

盡量減少暴露時間為防範任何危害之共通原則，有時輪班也為減少暴露之有效方法。

(二) 個人防護具

個人防護具是有效的防護設備，但因國內氣候炎熱，濕度亦高，使用防護具並不舒適，勞工多不願配戴，尤以呼吸防護具為甚。

呼吸防護具一般使用於臨時性作業、緊急避難、無法裝設通風系統之場所或通風系統效果不良之場所；一般例行性之工作，如需長期使用呼吸防護具時，並不十分適當。

手套材質之選用十分重要，不恰當之材質不但無法防範危害物之穿透，且員工有恃無恐之下有時反而更危險。

防護具一般而言應視為最後之選擇，因為防護具一旦失效時，人員立即暴露於危險之中。

(三) 教育訓練

藉由勞工教育訓練提升勞工技能及安全態度，以降低職災之發生。

三、健康管理

健康管理係以保持或增進健康為目的。一般之主要手段為體格檢查及健康檢查。

職前之體格檢查可作為選工之參考，可篩選體質是否宜從事使用化學物質之作業。定期之健康檢查則有助於早期發現勞工是否已受到化學物質之影響。

6.9 毒性及關注化學物質管理法

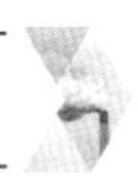

我國現行與化學物質管理有關之法規可分成三類，其一為依化學物質之「目的用途」管理，如衛福部的《藥事法》、《食品安全衛生管理法》、農委會的《農藥管理法》、環保署的《環境用藥管理法》，其二為依化學物質之「運作方式」予以管理。例如：交通部之《道路交通管理處罰條例》、經濟部的《商品標示法》，其三為依化學物質之「作業場所」來管理。例如：勞動部的《特定化學物質危害預防標準》、《勞工作業場所容許暴露標準》等。圖 6.5 所列為化學物質管理有關法規，由圖中可知環保署的《毒性及關注化學物質管理法》（簡稱毒管法）的管制較為全面，包括：作業場所、環境流布物質、人體攝食、使用物質及其他生物攝食物質皆予以管理。

6.9.1 毒性化學物質之特性

《毒管法》立法之目的為防制毒化物汙染環境，危害人體健康。而所謂毒化物，依該法第 2 條規定，指人為產製或於產製過程中衍生之化學物質，經中央主管機關公告者，其分類如下：

1. 第一類毒性化學物質

化學物質在環境中不易分解或因生物蓄積、生物濃縮、生物轉化等作用，致汙染環境或危害人體健康者。

2. 第二類毒性化學物質

化學物質有致腫瘤、生育能力受損、畸胎、遺傳因子突變或其他慢性疾病等作用者。例如：石綿（肺）、鉛（腎）、鉻（鼻）、氯乙烯（肝）、砷（皮膚）、鈹（骨骼）等。

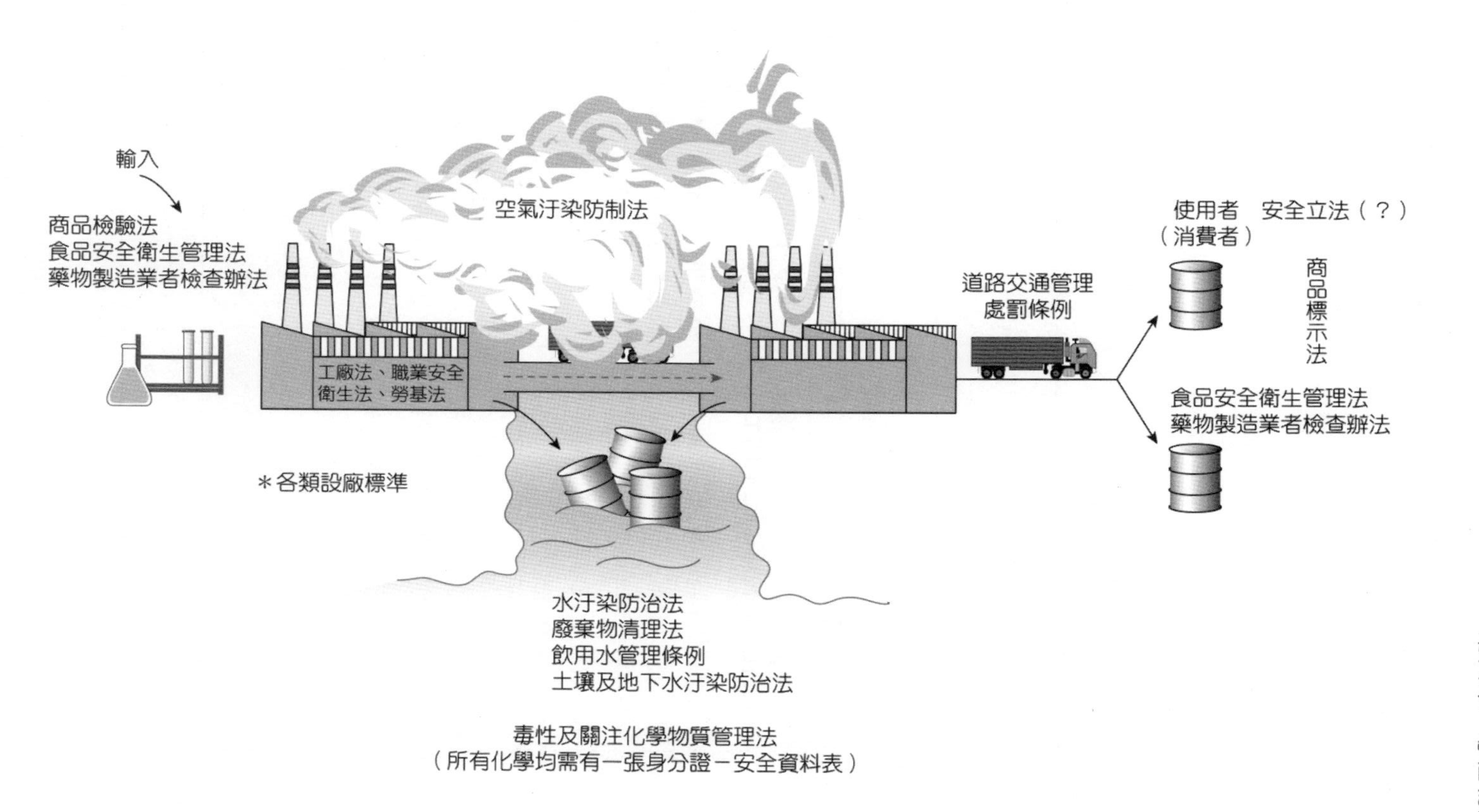

▲ 圖 6.5　我國毒物流布情況及其相關之管制法規

3. 第三類毒性化學物質：

化學物質經暴露，將立即危害人體健康或生物生命者。

4. 第四類毒性化學物質：

化學物質具有內分泌干擾素特性或有汙染環境、危害人體健康者。

有關毒性化學物質分類管理架構如表 6.4 所示，由表中可知除第四類外，其餘三類皆需取得許可證、登記備查、核可等證照始能運作，並皆需標示且需設置專責人員、備妥危害預防應變計畫、維持設備正常操作（若運作量達最低管制限量以上者）。

▌表 6.4　毒性化學物質分類管理架構一覽表

毒化物類別	第一類（難分解物質）	第二類（慢毒性物質）	第三類（急毒性物質）	第四類（疑似毒化物）
特性	在環境中不易分解或因生物蓄積、生物濃縮、生物轉化等作用，致汙染環境或危害人體者。	有致腫瘤、生育能力受損、畸胎、遺傳因子突變或其他慢性疾病等作用者。	化學物質經暴露，將立即危害人體健康或生物生命者。	非前三類而具有內分泌干擾素特性或有汙染環境或危害人體健康之虞者。
運作權之獲得	1. 許可證（製造、輸入、販賣行為）。 2. 登記備查（使用、貯存、廢棄行為）。 3. 核可（運作量低於最低管制限量之製造、輸入、販賣、使用、貯存、廢棄運作行為）。			應於運作前向直轄市、縣（市）主管機關申報該毒性化學物質之毒理相關資料，並經該主管機關核可，同時依核可內容運作。
標示（含 SDS）	要	要	要	要

表 6.4　毒性化學物質分類管理架構一覽表（續）

毒化物類別	第一類（難分解物質）	第二類（慢毒性物質）	第三類（急毒性物質）	第四類（疑似毒化物）
專責人員	1. 製造、使用、貯存場所運作量達大量運作基準以上。 2. 單次運送氣體達 50 公斤、液體達 100 公斤、固體達 200 公斤以上者，應設置專責人員等級、人數，依規定設置。			—
運作紀錄申報	按月申報：每月10日前，申報前一個月運作紀錄。	按月申報：每月10日前，申報前一個月運作紀錄。	按月申報：每月10日前，申報前一個月運作紀錄。	按月申報：每月10日前，申報前一個月運作紀錄。
申報基本資料申報表	公告前已製造、輸入、販賣業者。			
釋放量紀錄申報	製造、使用、貯存年運作總量達 300 公噸以上或任一日達 10 公噸以上者，每年 1 月 10 日前申報。			
申報毒理相關資料	—	—	—	安全資料表及防災基本資料表。
維持防止排放、洩漏設施正常操作	運作量達大量運作基準以上者。			—
具備應變器材	製造、使用、貯存、運送，任一場所單一毒化物運作總量達大量運作基準以上之運作人，應依安全資料表備具必須之緊急應變工具及設備。			—
偵測、警報設備	氣態、液體毒化物依公告指定數量設置。			—
危害預防及應變計畫	除輸出、廢棄外，其運作總量達大量運作基準，應於申請許可證或登記文件前，檢具危害預防及應變計畫，報請直轄市、縣（市）主管機關備查。			—

表 6.4　毒性化學物質分類管理架構一覽表（續）

毒化物類別	第一類（難分解物質）	第二類（慢毒性物質）	第三類（急毒性物質）	第四類（疑似毒化物）
強制投保第三人責任保險	製造、使用、貯存、運送行為，依公告指定數量投保。	製造、使用、貯存、運送行為，依公告指定數量投保。	製造、使用、貯存、運送行為，依公告指定數量投保。	
接受查核	要	要	要	要
運送聯單申報	要	要	要	

6.9.2　毒性化學物質之運作管理

所謂「運作管理」，就是對毒性化學物質之運作行為（輸入、製造、販賣、使用、輸出、運送、貯存、廢棄等八個項目）予以某些條件限制，從而達到管制之目的。由於毒性化學物質會對人體健康或生態環境產生危害，因此最佳之管制方式就是「全面禁止」這些毒化物之製造、販賣、輸入及使用。然而在實務上可能會遇到困難，目前受到「限制使用」之多氯聯苯就是一例；目前多氯聯苯之製造、輸入及販賣已被禁止。另一種被「限制使用」之毒化物為編號 019 之靈丹；除醫藥用途外，禁止使用於其他用途。由此可知，當「限用類」之毒性化學物質之使用期限一到，或是可找到相當效用之替代物質後，這些限用類毒化物即成為「禁用類」毒化物，在工業上全面禁止其輸入、製造、販賣及使用；但特有作為或作為試驗研究用單種毒化物總量在 50 公斤以下者，則暫不列管。

毒性化學物質之運作管理除「禁用」與「限用」這兩管制方式外，第三種管制方式就是採用「許可制」來予以管理。被列為「許可類」之毒化物，其製造、輸入、販賣及使用等運作項目需向主管機關提出申請，經核准後取行該項目之「許可證」或「同意文件」始得為之。一般而言，被列為「許可類」之毒化物通常是用途廣泛且具有相當大的經濟價值，故不宜全面禁用或限用；但為防止這類毒化物被濫用於其他用途，因此以「許可制度」來予以管理。

6.9.3 毒性化學物質之許可管理制度

在目前已公告之毒性化學物質中，有 166 種為許可列管者。依《毒性及關注化學物質管理法》之規定，這些許可列管之毒化物，其製造、輸入、販賣須經核准取得許可項目之「許可證」後，始得進行該項目之運作；而這類毒化物之使用、輸出（到國外）以及運送等運作項目，也必須取得許可文件等始得為之。

毒化物運作負責人在申請某一項目之許可證前，必須備齊相關之資料文件向核准機關提出申請，審查通過後始可獲得該項目之許可證，圖 6.6 為許可類毒性化學物質之許可管理作業。

從圖 6.6 中可知，製造、輸入、販賣及輸出之許可核准機關皆為行政院環保署，而「使用核可文件」之核發機關則為當地之縣（市）環保局。至於毒化物之運送因需使用到公路及鐵路等，故需以聯單方式報備相關單位。

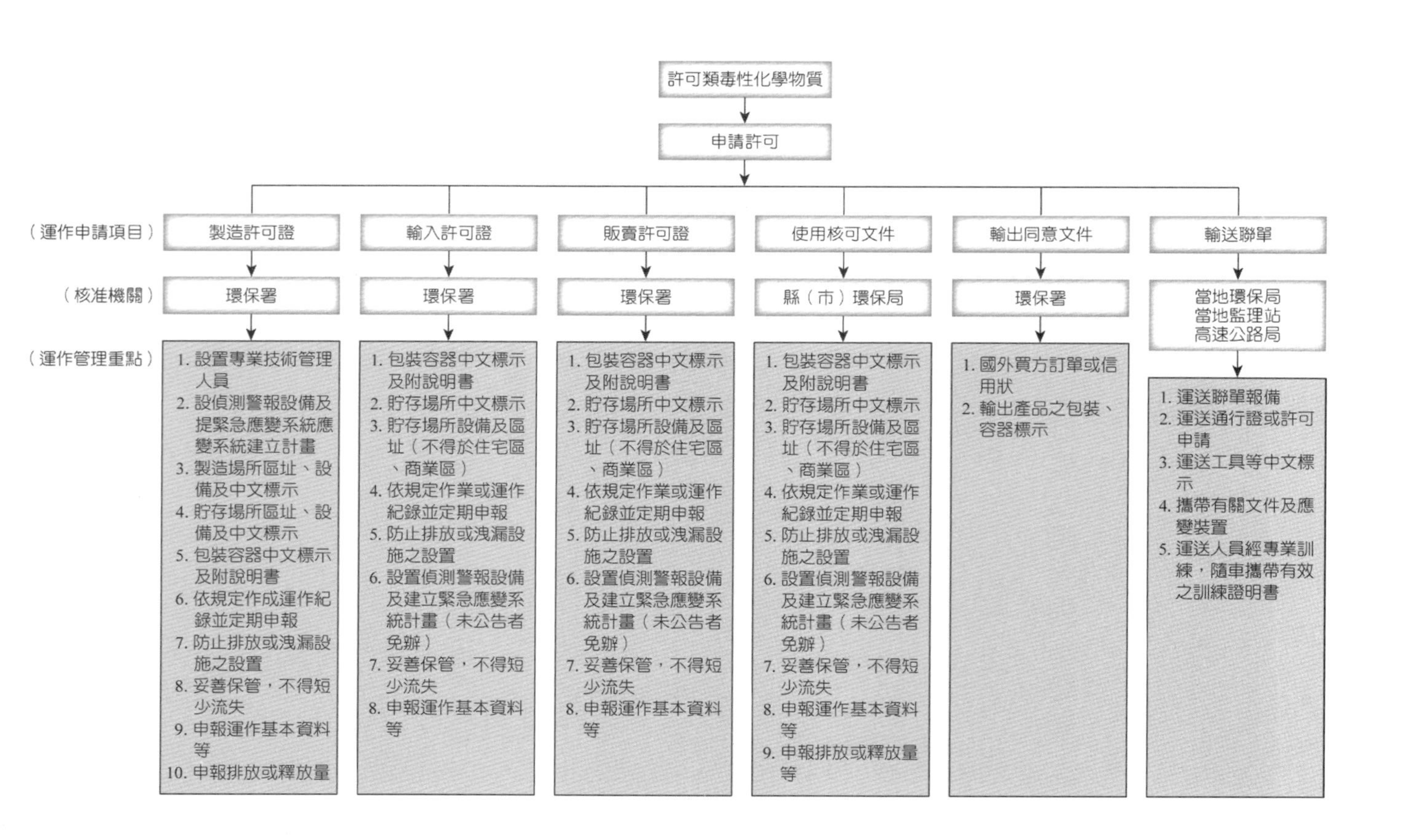

▲圖 6.6　許可類毒性化學物質之許可管理作業

6.10 毒性化學物質洩漏與不當排放之原因

在化學工廠中各種製程可分為兩大類，即單元操作、單元程序。前者乃指涉及物理變化之各種現象，如輸送、蒸發、蒸餾分離等現象。後者則係指涉及化學反應之程序，例如：氫化、碳化、硝化等、而應用於上述兩種程序之機械裝置分別為：

1. 蒸餾塔、填充塔、熱交換器、蒸發釜、壓縮機幫浦等。
2. 各式反應器及附屬之化工機械裝置。

此外尚有連結各塔、槽、反應器間之管線及貯槽。

基於各化學工廠之生產品類不同，使用之原料及反應裝置，機械設備也自然不同，甚至當生產品相同時，也有因製程之不同而使原料及其單元操作／單元程序也隨之更易。因此，可預見其複雜性。但在分析如何設置偵測及警報器之時，首先當慮及何種狀況下會發生毒性化學物質之外洩、外洩時可能發生之場所及裝置與避免發生意外之預防措施，就外洩發生之原因簡述如下：

1. 裝置（包括反應器、各類塔、槽及管線、輸送設備等）內壓力或溫度過高發生爆炸或洩漏。
2. 裝置設備接合處因壓力、振動或接合不良發生洩漏。
3. 操作錯誤（或維修不當）造成意外或反應，使裝置內壓力／溫度劇烈變化發生洩漏或爆炸。
4. 儀錶失靈／故障，致控制不當發生毒性化學物質洩漏或爆炸。
5. 人為操作錯誤，造成毒性化學物質外洩。
6. 其他因素。

6.11 毒性化學物質發生洩漏或不當排放之設備裝置及因應措施

因上述 6.10 節原因而發生毒性化學物質外洩或爆炸之可能處有下述幾點：

1. 安全閥、爆破盤(Rupture Disc)。
2. 儀錶、管、閥等之接合處。
3. 反應器、塔、槽、槽體及接合、焊接等應力變化之處。
4. 幫浦之軸封。
5. 管線或塔槽之洩水閥或取樣閥。
6. 工廠進貨／出貨之裝卸處及成品包裝／分裝。
7. 開放式洗滌塔（外洩氣體收集／洗滌）。

因應措施包括：

1. 避免爆炸

(1) 裝置安全閥，爆破盤等安全裝置。

(2) 設置溫度自動控制系統，避免溫度突變。

(3) 設置自動控制系統自動切除／開啟，進／出料系統。

(4) 訂定標準操作／維修手冊，避免不當操作或修理程序造成貯槽或管線內化學品與外來不當化學物質發生反應。

(5) 溫度、壓力、液化過高／過低警報器。

(6) 裝設自動聯鎖(Interlock System)安全系統。

2. 避免洩漏

(1) 裝設溫度、壓力、液位指示器，並於值班室內裝置其指示紀錄器。

(2) 定期檢查幫浦軸封及塔、槽、管線之壁厚。

(3) 重要毒性化學物質塔、槽或管線上之洩水閥、取樣閥及進／出料管閥設置兩重閥，以保持正常時均關閉之狀態。

(4) 設置護場擋牆(Dike)且裝設液位警報器，避免液態毒性化學物質外洩。

(5) 設置自動偵測警報器。

(6) 其他安全措施。

習 題

1. 試繪出化學物質之暴露危害控制流程圖。
2. 解釋名詞：
   (1) 毒性。
   (2) 半數致死劑量。
   (3) 生物濃縮作用。
   (4) NOEL。
   (5) 運作。
   (6) 汙染環境。
   (7) EPRG-3。
3. 何謂單純窒息性物質？
4. 在化學性窒息性物質中會影響肺部、血液、破壞酵素功能，試各舉兩例。
5. 試各列舉會對眼、肺、肝、腎造成不良健康影響之有害物三個。
6. 半導體業最容易排放之有害空氣汙染物有哪些？
7. 試述影響毒性作用強度之因素。
8. 試述毒化物之改善防範對策。
9. 我國現行與化學物質管理有關之法規可分成哪三類？
10. 依毒管法之規定何謂毒化物？如何分類？
11. 毒性化學物質之運作管理有哪些方式？試述之。
12. 試列述毒性化學物質外洩之原因。其防漏、防爆因應措施為何？
13. 下列作業會造成哪些健康危害？
    (1) 局部振動。
    (2) 高溫作業。
    (3) 熔接作業。
    (4) 高壓室內作業。

(5) 電腦終端機作業。

(6) 正己烷作業。

(7) 鉛作業。

(8) 四烷基鉛作業。

(9) 噴砂（石英砂）作業。

(10) 一氧化碳作業。

14. 加油站的工作人員可能受到哪些健康危害？加油站內有哪些毒性物質？其進入人體之途徑為何？如何改善其工作環境以避免其發生？

勵志小語

獨一無二的你

小草，不管你多麼渺小，你卻覆蓋了大地。微雲，不管你多麼輕微，你卻占據了天空。

千萬人中你獨一無二，所以你要多珍惜、接納自己。

你可以數出一顆蘋果有多少粒種子，

但是你無法數出一粒種子會長出多少顆蘋果。

所以，你很特別，不要比較、不要計較、好好睡覺。

愛

L 是 Listen（傾聽）對方的聲音。

O 是 Overlook（忽略）對方的缺點，接納對方的全部。

V 是 Voice（聲音）多用嘴巴讚美肯定對方。

E 是 Effort（努力）愛要用心經營。

愛是放下自我，以對方為重，不求自己的益處，

愛是恆久忍耐又有恩慈。

吃素菜，彼此相愛，強如吃肥牛，彼此相恨。

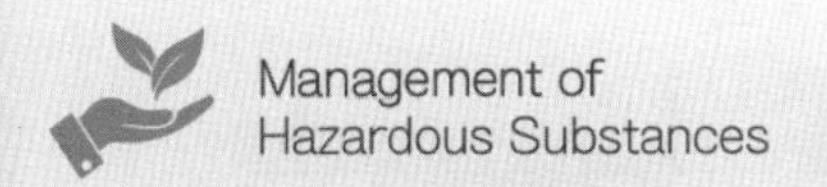

›› 第七章

特定化學物質危害預防

7.1 前　言

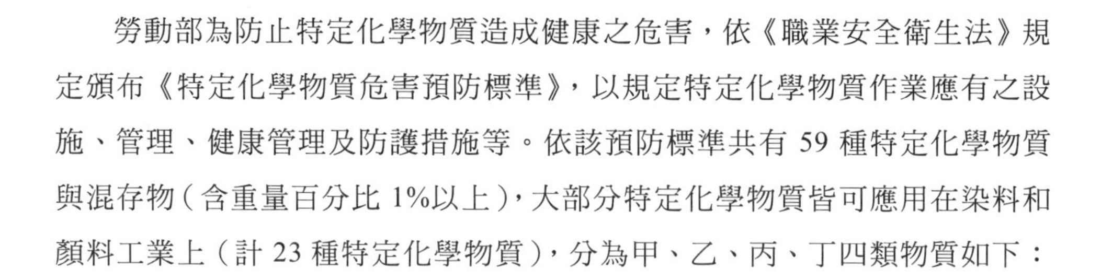

勞動部為防止特定化學物質造成健康之危害，依《職業安全衛生法》規定頒布《特定化學物質危害預防標準》，以規定特定化學物質作業應有之設施、管理、健康管理及防護措施等。依該預防標準共有 59 種特定化學物質與混存物（含重量百分比 1%以上），大部分特定化學物質皆可應用在染料和顏料工業上（計 23 種特定化學物質），分為甲、乙、丙、丁四類物質如下：

一、甲類物質

共有七種物質及其混物，其為禁止勞工製造及使用之致癌或疑似致癌物質，但供試驗或研究時，雇主應填具規定之申請書，經由勞工檢查機構轉報中央主管機關許可。此類物質除黃磷外，餘為致癌物。計包括：黃磷火柴、二氨基聯苯及其鹽類、4-氨基聯苯及鹽類、4-硝基苯及其鹽類、β-奈胺及其鹽類等。

二、乙類物質

共有七種物質及其混存物，已經動物證實為致癌物或疑似致癌物，但尚未證實對人體有致癌性，計包括二氯氨基聯苯及其鹽類、α-奈胺及其鹽類、鄰－二甲基聯苯胺及其鹽類、二甲氧基聯苯胺及其鹽類、鈹及其化合物、三氯甲苯與多氯聯苯。

三、丙類第一種物質

共有 27 種物質及其混存物，其為具毒性及易腐蝕性，計包括次乙亞胺、氯乙烯、氯甲基甲基醚、3,3'-二氯-4,4'-二氯基苯化甲烷、四羰化鎳、對－二甲氨基偶氮苯、β-丙內酯、苯、丙烯醯胺、丙烯腈、氯、氰化氫、溴甲烷、二異氰酸甲苯、對一硝基氯苯、氟化氫、碘甲烷、硫化氫與硫酸二甲酯。

四、丙類第二種物質

共有二種物質及其混存物，其為疑似致癌物之染料，計包括奧黃與苯胺紅。

五、丙類第三種物質

共有 15 種物質及其混存物，其為均具毒性，部分且為致癌物（如石綿）、和疑似致癌物（如鉻酸及其鹽類、重鉻酸及其鹽類、煤焦油、三氧化二砷等），計包括石綿、鉻酸及其鹽類、煤焦油、三氧化二砷、重鉻酸及其鹽類、乙基汞化學物質、鄰－二腈苯、鎘及其化合物、五氧化二釩、氰化鉀、氰化鈉、汞及其無機汞化合物（硫化汞除外）、硝基乙二醇、錳及其化合物（鹽基性氧化錳除外）。

六、丁類物質

共有九種物質及其混存物，其為均具腐蝕性，計包括氨、一氧化碳、氯化氫、硝酸、二氧化硫、酚、光氣、甲醛與硫酸。

為早期掌握特定管理設備內部發生異常反應使丙類第一種物質或丁類物質洩漏，該標準規定須設置各種適當之計測裝置（如溫度、壓力、流量、液面、容量、pH、液體組成或氣體組成分析計等），上述物質合計超過 100 公升之特定管理設備，則應設置適當之自動警報裝置時，須指定專人隨時監視該設備之設定條件。洩漏之因應措施包括遮斷物料、供輸惰性氣體、冷卻用水等裝置。

7.2 丙類第一種物質及丁類物質之危害預防

四種特定化學物質之分類，其中丙一及丁類物質廣泛使用於工業界且皆具腐蝕性，因此在該標準中對此兩類物質所可能產生之漏洩特別重視，故針

對特定化學設備（指製造或處置丙一及丁類物質之設備）及特定管理設備（指特定化學設備中進行放熱反應之反應等，且有因異常化學反應等，致漏洩丙一或丁類物質之虞者）訂定相關之安全措施以預防災害發生，分述如下列各節。

7.2.1 特定化學設備之安全措施

一、漏洩防範措施

設置特定化學設備（不含設備之閥或旋塞）有丙類第一種物質或丁類物質之接觸部分，為防止其腐蝕致使該物質等之漏洩，應對各該物質之種類、溫度、濃度等，採用不易腐蝕之材料構築或施以內襯等必要措施。

特定化學設備之蓋板、凸緣、閥或旋塞等之結合部分，為防止丙類第一種物質或丁類物質自該部分漏洩，應使用墊圈密接等必要措施。

特定化學設備之閥、旋塞或操作此等之開關或按鈕等，為防止誤操作致丙類第一種物質或丁類物質之漏洩，應明顯標示開閉方向。也應依下列規定辦理：

1. 因應開閉頻率及所製造之丙類第一種物質或丁類物質之種類、溫度濃度等，應使用耐久性之耐腐蝕、耐磨擦之材料製造。
2. 特定化學設備使用中必須頻繁開啟或折卸之過濾器等，及與此最近之特定化學設備（不含配管）應為二重構造。

二、避難設備

對於設置特定化學設備之室內作業場所及其建築物，應有距離不遠之二處以上直接通達地面之避難梯、斜坡道；僅能設置一處避難梯者，其另一部分得以滑梯、避難用梯、避難橋或救助袋等避難用具代替。避難梯或斜坡道之一應置於室外。

使勞工處置丙類第一種物質或丁類物質之合計在 100 公升（氣體以其容積一立方公尺換算為二公升）以上時，應置備該物質等漏洩時能迅速告知有關人員之警報用器具及除卻危害之必要藥劑、器具等設施。

三、原料標示

為防止供輸原料、材料及其他物料於特定化學設備之勞工有因誤操作致丙類第一種物質或丁類物質之漏洩，應於該勞工易見之處，標示該原料、材料及其他物料之種類、輸送對象設備及其他必要事項。

四、洩漏時危害之避免

對於丙類第一種物質或丁類物質發生漏洩致有危害勞工之虞時，應立即使勞工自作業場所避難。在未確認不危害勞工之前，雇主應於顯明易見之處，揭示「非從事作業人員禁止進入」之標示。

五、禁止非從事作業人員進入標示

於(1)製造、處置乙類物質或丙類物質之作業場所；(2)設置特定化學設備之作業場所或設置特定化學設備之場所以外的場所中，處置丙類第一種物質或丁類物質之合計在 100 公升以上者等作業場所顯明易見之處，標示「禁止非從事作業人員進入」。

六、搬運或貯存容器包裝要求

使勞工從事特定化學物質等之搬運或貯存時，為防止該物質之漏洩、溢出，應使用堅固之容器或確實包裝。在該容器或包裝之顯明易見之處，標示該物質之化學名稱及處置上應注意事項。

特定化學物質等之保管，應規定一定之場所。

對曾使用於特定化學物質等之搬運、貯存之容器或包裝，應採取不致使該物質飛散之措施；保管時應堆置於一定之場所。

七、搶救組織

對設置特定化學設備之作業場所，為因應丙類第一種物質及丁類物質之漏洩，應設搶救組織，並訓練有關人員急救、避難知識。

八、休息室

於製造或處置乙類物質或丙類物質之作業場所以外之場所設置休息室。

特定化學物質為粉塵時，其休息室：

1. 應於入口附近設置清潔用水或充分潤濕之墊席等，以清除附著鞋底之粉塵。
2. 入口處應置有衣服用刷。
3. 地面應為易於使用真空吸塵機吸塵或水洗之構造，並每日清掃一次以上。

勞工於進入休息室之前，應將附著粉塵清除。

九、洗眼、沐浴、漱口及洗衣設備緊急沖淋設備

使勞工從事製造或處置乙類、丙類或丁類物質時，應設置洗眼、沐浴、漱口、更衣及洗衣等設備。但丙類第一種物質或丁類物質之作業場所應設置緊急沖淋設備。

7.2.2 特定管理設備之安全措施

一、設置適當之溫度計、流量計

對於特定管理設備，為早期掌握其放熱反應之反應槽（鍋）（器），當異常化學反應等之發生，應先設置適當之溫度計、流量計及壓力計等計測裝置。

二、設置遮斷或供應裝置之閥

對於特定管理設備，為防止異常化學等導致大量丙類第一種物質或丁類物質漏洩，應設置遮斷原料、木材、物料之供輸或卸放製品等之裝置，或供輸惰性氣體、冷卻用水等之裝置，以因應該異常反應等之連鎖必要措施。

設置遮斷或供應裝置之閥或旋塞，應：

1. 具有確實動作之機能。
2. 保持於可圓潤動作之狀態。
3. 可安全且正確操作者。

三、備用動力源

丙類第一種物質或丁類物質之特定管理設備及其配管或其附屬設備，為防止動力源之異常導致漏洩，應置備可迅速使用之備用動力源。為防止對閥、旋塞或開關等之誤操作，應明顯標示開閉方向。在安全上有重大影響且不經常使用者，應予加鎖、鉛封或採取其他同等有效之措施。但供緊急使用者不在此限。

四、進入貯槽內部作業

對於製造、貯存或處置特定化學物質等之設備，以及貯存可生成特定化學物質等物質之貯槽等，因改造、修理或清掃等而拆卸該設備或必須進入該設備等內部作業時，應：

1. 派遣特定化學物質作業管理員從事監督作業。
2. 決定作業方法及順序，於事前告知從事作業之勞工。
3. 確實將特定化學物質等自該作業設備排出。
4. 為使該設備連接之所有配管不致倒流特定化學物質等，應將該閥、旋塞等設計為雙重開關構造或設置盲板等。
5. 依前款規定設置之閥、旋塞應予加鎖或設置盲板，並將「不得開啟」之標示，揭示於顯明易見之處。
6. 作業設備之開口部，不致流作特定化學物質等至該設備者，均應予開放。
7. 使用換氣裝置將設備內部充分換氣。
8. 以測定或其他方法確認作業設備內之特定化學物質等濃度未超過容許濃度。在未依規定確認該設備適於作業前，應將「不得將頭部伸入設備內」之意旨，告知從事該作業之勞工。勞工從事本作業時，應使用第 11 款規定防護具。
9. 拆卸第 4 款規定設置之盲板等時，有特定化學物質等流出之虞者，應於事前確認在該盲板與其最接近之閥或旋塞間有否特定化學物質等之滯留，並採取適當措施。
10. 在設備內部應置發生意外時，能使勞工立即避難之設備或其他具有同等性能以上之設備。
11. 供給從事作業之勞工穿著不浸透性防護衣、防護手套、防護長鞋、呼吸防護具等個人防護具。

7.3 特定化學物質作業管理措施

一、管理人員設置

勞工從事特定化學物質等之作業時，雇主應於每一班次指定現場主管擔任特定化學物質作業管理員（經訓練合格取得證書者）從事監督作業並執行下列規定事項：

1. 預防從事該作業之勞工被特定化學物質等汙染或吸入該物質。
2. 決定作業方法並指揮勞工作業。
3. 每月檢點局部排氣裝置及其他預防勞工健康危害之裝置一次以上，並予記錄保存。
4. 監督勞工對防護具之使用狀況。

二、每月檢點

對於特定化學物質作業預防勞工健康危害之裝置、廢液處理裝置檢點、廢料處理裝置等實施檢點並記錄，其紀錄如表 7.1 所示：

表 7.1　特定化學物質作業預防勞工健康危害之裝置檢點紀錄表

日期		檢查人員	
處所		方法	
項目			結果
1. 警報裝置性能是否良好？			
2. 除卻危害之必要藥劑是否備妥？			
3. 避難梯是否設置二處且其中一處置於室外？			
4. 避難梯是否保持通暢無阻？			
5. 洗眼、洗身、漱口、更衣及洗衣設備是否均已設置且保持隨時可用狀態？			

表 7.1　特定化學物質作業預防勞工健康危害之裝置檢點紀錄表（續）

6. 是否發給每一位特定化學物質作業勞工合格有效之呼吸防護具、不浸透性防護衣著、防護手套、防護鞋及塗敷劑等？	
7. 以上防護具是否均保持其性能及清潔？	
備註	

三、防止洩漏工作守則

使用特定化學設備或其附屬設備實施作業時，為防止丙類第一種物質或丁類物質之漏洩，應就下列事項訂定工作守則，報請備查後並依此實施作業。

1. 供輸物料等於特定化學設備或自該設備取出製品等時，使用之閥或旋塞等之操作。
2. 冷卻裝置、加熱裝置、攪拌裝置或壓縮裝置等之操作。
3. 計測裝置、控制裝置等之監視及調整。
4. 安全閥、緊急遮斷裝置與其他安全裝置及自動警報裝置之調整。
5. 檢點蓋板、凸緣、閥或旋塞等之連接部分有否漏洩丙類第一種物質或丁類物質。
6. 試料之採取。
7. 特定管理設備，其運轉暫時或部分中斷時，於其運轉中斷或再行運轉時之緊急措施。
8. 發生異常時之緊急措施。
9. 除前列各款規定者外，為防止丙類第一種物質或丁類物質等漏洩所必要之措施。

四、禁菸禁飲食

應禁止勞工在特定化學物質作業場所吸菸或飲食，且應將其意旨揭示於該作業場所之顯明易見之處。

五、特定管理物質作業之管理標示

對於特定管理物質之製造、處置作業場所，應就下列事項揭示於該作業場所顯明易見之處，公告板長度為一公尺，寬度為 0.4 公尺以上：

1. 特定管理物質之名稱。
2. 特定管理物質對勞工健康之影響。
3. 特定管理物質在處置上應注意事項。
4. 應使用之防護具。

習 題

1. 試述特化物質之分類及特性？丁類包括哪些物質？
2. 丙類第一種特定化學物質及丁類特定化學物質屬容易腐蝕洩漏之物質，如氨等，其特定化學設備作業管理應採措施為何？
3. 試述特定管理設備之安全措施。
4. 進入裝有特化物質之貯槽內部作業時，應採哪些措施？試述之。
5. 從事特化物質作業，雇主應指定現場主管擔任特化物質作業管理員執行哪些事項？
6. 為防丙一及丁類物質之漏洩，哪些事項應訂定工作守則報請備查？

勵志小語

知足

我悶悶不樂，因我少了一雙襪子，
直到有一天，在街上我見到有人少了一條腿。
知足的人永不會窮，
不知足的人永不會富。
我們想要的太多，但真正需要的不多。
除非我們知道為生活的小事感恩，
否則不可能有真正的滿足、喜樂。
所謂知足並不是得到我們想要的，
乃是滿足於我們所擁有的。
真正的富有是在於你這個人，而不是你擁有什麼。
上帝從不埋怨人們的愚昧，人們卻埋怨上帝的不公。
如果你曾歌頌黎明，那麼也請你擁抱黑夜。

›› 第八章

有機溶劑之危害及預防

8.1 前　言

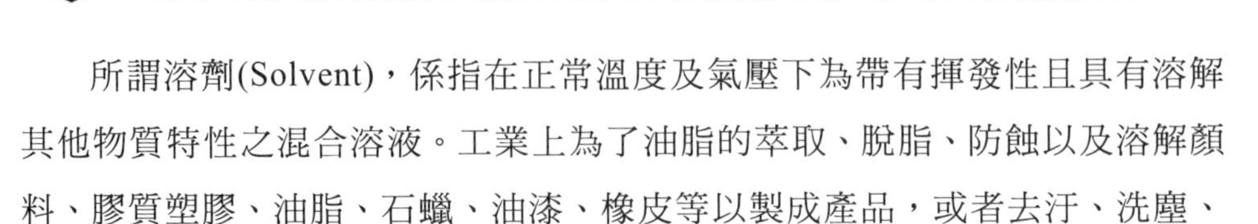

所謂溶劑(Solvent)，係指在正常溫度及氣壓下為帶有揮發性且具有溶解其他物質特性之混合溶液。工業上為了油脂的萃取、脫脂、防蝕以及溶解顏料、膠質塑膠、油脂、石蠟、油漆、橡皮等以製成產品，或者去汙、洗塵、除鏽清除雜質……等等用途使用了不少溶劑。

溶劑依其化學組成分為：(1)有機溶劑(Organic Solvents)；(2)無機溶劑(Non-organic Solvents)。所謂的有機溶劑就是指含有碳氫元素的溶劑。因為這些化合物早期是在有機生物體內發現的，故以有機(Organic)命名之；而無機溶劑就是沒有含碳元素的溶劑。例：鹽酸、硫酸、硝酸……等。

有機溶劑通常都具有毒性及易燃性，就職業安全衛生觀點來看是一種有害物質。一般具有下列特性：(1)有機溶劑因揮發所產生的溶劑蒸氣達到飽和濃度時，且環境的氣溫達到閃火點(Flash Point)或周圍偶有火花產生，會發生爆炸及火災；(2)有機溶劑揮發所產生的蒸氣，會逸散在空氣中，經由皮膚吸收或呼吸管道吸入而進入人體，危害勞工健康。一般而言，揮發性高、閃火點低的有機溶劑，揮發速度快，通風排氣不良的工作環境中有機溶劑對人體的危害會增加。另外，有機溶劑對皮膚之影響雖不像無機溶劑（鹽酸、硫酸、硝酸）之具有強烈腐蝕性，但因有機溶劑能溶解油脂，故對皮膚具有侵蝕性，防護不當時會使勞工產生各種職業性皮膚病。

8.2 有機溶劑中毒預防規則

內政部為防止有機溶劑引起之職業災害保障勞工健康於 63 年 6 月頒布本規則，其間經六次修正，最後一次修正，為勞動部於 103 年 6 月頒布，內容包括總則、設施、管理及健康檢查、防護措施，茲分述如下：

8.2.1 有機溶劑分類

依本規則有機溶劑可按其危害程度大小分成三類：

1. 第一種有機溶劑，例如三氯甲烷、四氯化碳、二硫化碳、三氯乙烯、1-2-二氯乙烯、1-2-二氯乙烷及 1-1-2-1-四氯乙烷計 7 種。
2. 第二種有機溶劑，例如丙酮、二甲苯、苯乙烯、氯苯、甲苯、丁酮、甲醇、正己烷等共計 41 種。
3. 第三種有機溶劑，例如汽油、煤焦油精、石油精、石油醚、輕油精、松節油、礦油精計 7 種。

8.2.2 容許消費量

有機溶劑作業場所除「製造」相關之作業外，如其消費量低於容許消費量時，該有機溶劑作業應有之設施（備）、每週作業場所檢點之實施、對全體有關之勞工通告預防發生有機溶劑中毒之必要注意事項、作業場所有機溶劑對人體之影響、應置有機溶劑或其混存物應注意事項和發生有機溶劑中毒事故時緊急措施之公告、現場作業主管擔任有機溶劑作業管理員之指定、有機溶劑作業管理員之實施監督作業、貯槽之內部從事有機溶劑作業必要措施之採取暨防護措施之採取等得免辦理。

◎ 容許消費量運算式之來源

設一有機溶劑作業場所氣積為 $V(\mathrm{m}^3)$、$W(\mathrm{g})$重量之有機溶劑在 25°C，一大氣壓下，均勻擴散於作業場所中，而該有機溶劑之分子量為 M，則該作業場所有機溶劑蒸氣之濃度 C_{ppm} 為：

$$C_{\mathrm{ppm}}=\frac{(W(\mathrm{g})/M(g/g-\mathrm{mole}))\times 22.4\times 10^{3}\,\mathrm{cm}^{3}/\mathrm{g-mole}\times\dfrac{273+25}{273}}{V(\mathrm{m}^{3})} \quad ..\ (8\text{-}1)$$

即

$$W(g)=\frac{M\times C_{ppm}}{24.45\times10^3}\times V(m^3)\ \cdots\cdots\ (8\text{-}2)$$

如作業場所要控制之濃度為不得超過容許濃度，將三種有機溶劑之平均分子量、M_{av}、平均容許濃度(PEL_{av})計算出，即可得容許消費量之計算式：

$$W(g)=\frac{M_{av}\times PEL_{av}}{24.45\times10^3}\times V(m^3)\ \cdots\cdots\ (8\text{-}3)$$

將表 8.1 之平均分子量及平均容許濃度代入表(8.3)即得表 8.2 所示，各類有機溶劑容許消費量。

表 8.1　不同種類有機溶劑之平均分子量及平均容許濃度

	第一種有機溶劑	第二種有機溶劑	第三種有機溶劑
平均分量 (M_{av})	154	92	85
平均容許濃度 (PEL_{av}, ppm)	10	100	500

表 8.2　有機溶劑或其混存物之容許消費計算公式

有機溶劑或其混存物之種類	有機溶劑或其混存物之容許消費量
第一種有機溶劑或其混存物	容許消費量（公克）＝　1/15×作業場所之氣積（立方公尺）
第二種有機溶劑或其混存物	容許消費量（公克）＝　2/5×作業場所之氣積（立方公尺）
第三種有機溶劑或其混存物	容許消費量（公克）＝　3/2×作業場所之氣積（立方公尺）

1. 作業場所氣積，$V(m^3)$：不論有機溶劑作業範圍之大小，凡與該作業同一空間之室內、貯槽等、船槽、地下室等場所之氣體應一併計算，氣積超過 150 立方公尺者，概以 150 立方公尺計算，且計算氣積時，不含超越地面四公尺以上高度之空間。

2. 通風不充分之室內作業場所除外之室內作業場所為一小時之容許消費量，至於貯槽等之作業場所或通風不充分之室內作業場所，則為一日間之容許消費量。

3. 通風不充分之室內作業場所：指室內對外開口面積之 1/20 以上或全面積之 3%以上者。

4. 貯槽等之作業場所：指貯槽之內部、貨櫃之內部、船艙之內部、凹窪之內部、坑之內部、隧道之內部、暗溝或人孔之內部、涵箱之內部、導管之內部、水管之內部及其他中央主管機關指定者之一之作業場所。

8.2.3 有機溶劑作業中毒預防設施

一、應採取之必要措施（設備）

1. 於室內作業場所或貯槽等之作業場所，從事有關第一種有機溶劑或其混存物之作業時，應於各該作業場所設置密閉設備或局部排氣裝置。

2. 於室內作業場所或貯槽等之作業場所，從事有關第二種有機溶劑或其混存物之作業時，應於各該作業場所設置密閉設備、局部排氣裝置或整體換氣裝置。

3. 於貯槽等之作業場所或通風不充分之室內作業場所，從事有關第三種有機溶劑或其混存物作業時，應於各該作業場所設置密閉設備、局部排氣裝置或整體換氣裝置。

4. 於室內作業場所或貯槽等之作業場所使用第二種有機溶劑或其混存物以噴布方式從事書寫、描繪、上光、防水、表面處理、為黏接之塗敷、清洗、擦拭、塗飾作業，應於各該作業場所設置密閉設備或局部排氣裝置。
5. 於貯槽等之作業場所或通風不充分之室內作業場所，使用第三種有機溶劑或其混存物以噴布方式從事書寫、描繪、上光、防水、表面處理、為黏接之塗敷、清洗、擦拭、塗飾作業，應於各該作業場所設置密閉設備或局部排氣裝置。
   (1) 密閉設備：指密閉有機溶劑蒸氣之發生源，使其蒸氣不致發散之設備。
   (2) 局部排氣裝置：指藉動力強制吸引並排出已發散有機溶劑蒸氣之設備。
   (3) 整體換氣裝置：指藉動力稀釋已發散有機溶劑蒸氣之設備。

二、免設中毒預防設施之有機溶劑作業

1. 於貯槽等之作業場所或通風不充分之室內作業場所除外之作業場所，從事第二種有機溶劑或其混存物之作業。
2. 通風不充分之室內作業場所除外之室內作業場所，從事臨時性之有機溶劑作業。
3. 下列作業經驗查機構許可者：
   (1) 於周壁之二面以上或周壁面積之 1/2 以上直接向大氣開放之室內作業場所，從事有機溶劑作業。
   (2) 於室內作業場所或貯槽等之作業場所，從事有機溶劑作業，有機溶劑之擴散面廣泛不易設置密閉設備、局部排氣裝置或整體換氣裝置者。
4. 於貯槽等之作業場所或通風不充分之室內作業場所，從事有機溶劑作業，而該從事作業之勞工已使用輸氣管面罩且作業時間短暫時。

5. 從事紅外線乾燥爐或具有溫熱上升設備之有機溶劑作業，設置利用溫熱上升氣流之排氣煙囪等設備，將有機溶劑蒸氣排出作業場所之外，不致使有機溶劑蒸氣擴散於作業場所內者。

6. 藉水等覆蓋開放槽內之有機溶劑或其混存物，或裝置有效之逆流凝縮機於槽之開口部，使有機溶劑蒸氣不致擴散於作業場所內者。

7. 已採取一定措施得免設置規定之控制設備：

   (1) 設置整體換氣裝置而為下列作業之一時，得免除設置密閉設備或局部排氣裝置。

      ① 於貯槽等之作業場所或通風不充分之室內作業場所設置密閉設備或局部排氣裝置。

      ② 於室內作業場所（通風不充分之室內作業場所除外），從事有機溶劑作業，其作業時間短暫時。

      ③ 於經常置備處理有機溶劑作業之反應槽或其他設施或其他作業場所隔離，且無須勞工常駐在內時。

      ④ 於室內作業場所或貯槽等之作業場所之內壁、地板、頂板從事有機溶劑作業，因有機溶劑蒸氣擴散面廣泛不易設置規定之設備時。

   (2) 於汽車之車體、飛機之機體、船舶之組合體等大表面積之外表從事有機溶劑作業時，因有機溶劑蒸氣廣泛擴散不易設置規定之設備，且已設置吹吸型換氣裝置時，得免設密閉設備、局部排氣裝置或整體換氣裝置。

三、設置換氣裝置注意事項

(一) 局部排氣裝置

◎ 裝設上應注意事項

(1) 氣罩應設置於每一有機溶劑蒸氣發生源。

(2) 外裝型氣罩應盡量接近有機溶劑發生源。

(3) 氣罩應視作業方法、有機溶劑蒸氣之擴散狀況及有機溶劑比重等，選擇適宜吸引該有機溶劑蒸氣之形式及大小。

(4) 應盡量縮短導管之長度、減少彎曲數目，且應於適當處所設置易於清掃之清潔口與測定孔。

(5) 設有空氣清淨裝置之局部排氣裝置，其排氣機應置於空氣清淨裝置後之位置。

(6) 排氣口應直接向大氣開放。

(7) 未設空氣清淨裝置之局部排氣裝置、排氣煙囪，應使排氣不致回流至作業場所。

(8) 有機溶劑作業時間內不得停止運轉。

(9) 應置於使排氣或換氣不受阻礙之處，使之有效運轉。

(二) 整體換氣裝置

1. 應達之換氣能力

利用產生至作業環境空氣中，有機溶劑蒸氣之量等於整體換氣裝置排氣中該有機溶劑量之原則，得必要換氣量計算式：

$$Q(\mathrm{m^3/min})=\frac{1000\times\text{每小時消費量}(\mathrm{W,g/h})}{60\times\text{容許濃度}(PEL,\mathrm{mg/m^3})} \quad \text{(8-4)}$$

$$=\frac{24.45\times10^3\times\text{每小時消費量}}{60\times\text{容許濃度}(PEL,\mathrm{ppm})\times\text{分子量}} \quad \text{(8-5)}$$

將三種有機溶劑之平均容許濃度及分子量代入式(8-5)，可得不同種類有機溶劑或其混存物必要換氣能力如表 8.3 所示。

表 8.3　有機溶劑作業必要換氣量

有機溶劑或其混存物之種類	每分鐘換氣量(Q)
第一種	每分鐘換氣量（立方公尺／分）＝作業時間內一小時有機溶劑或其混存物之消費量（公克／小時）×0.3
第二種	每分鐘換氣量（立方公尺／分）＝作業時間內一小時有機溶劑或其混存物之消費量（公克／小時）×0.04
第三種	每分鐘換氣量（立方公尺／分）＝作業時間內一小時有機溶劑或其混存物之消費（公克／小時）×0.01

依容許暴露標準（理論換氣量）：

$Q(m^3/min) = (24.45 \times 10^3 \times W)/(60 \times PEL\text{-}TWA \times M)$

PEL-TWA：8 小時時量平均容許濃度，ppm

M：分子量

例題一

某工廠每日消耗二甲苯 2.5Kg，丁酮 1.4Kg，該工廠採整體換氣，試問其換氣量應為多少？

二甲苯及丁酮屬第二種有機溶劑

故換氣量 $Q = 0.04 \times (2.5 + 1.4) \times 1000/8 = 19.5\ m^3/min$

Ans：約 3.4%

例題二

有機溶劑作業場所每日消耗二甲苯 5 公斤、丙酮 8 公斤，二甲苯及丙酮平均容許濃度 110ppm、丙酮 750ppm，分子量為 106、58，求其作業場所換氣量為何？

依《有機溶劑中毒預防規則》：

$Q_1 = 0.04 \times (5+8) \times 1000/8 = 65(m^3/min)$

依理論換氣量

$Q(m^3/min) = (24.45 \times 10^3 \times W)/(60 \times PEL\text{-}TWA \times M)$

$Q_2 = (24.45 \times 10^3 \times 5000/8)/(60 \times 110 \times 106) + (24.45 \times 10^3 \times 8000/8)/(60 \times 750 \times 58) = 31.2(m^3/min)$

作業場所換氣量為 $65(m^3/min)$（取其中最大者）。

例題三

正已烷（分子量 86）每天 8 小時消費 48 公斤，其爆炸範圍 1.1%~7.5%，為防止爆炸，（一）在一大氣壓下，25℃，時其理論換氣量應至少為多少？（二）若設定安全係數為 5 時，其換氣量應至少為多少？

(一) 理論換氣量 $Q = (24.45 \times 10^3 \times W(g/Hr))/(60 \times M \times C)$

W（消費量）$= 48 \times 10^3/8 = 6000(g/Hr)$

M（分子量）$= 86$

C（爆炸下限）$= 1.1\% = 1.1 \times 10^4$ ppm

帶入得 $Q=(24.45\times10^3\times6000(g/Hr))/(60\times86\times0.3\times1.1\times10^4)=8.62\ m^3/min$

（依《職業安全衛生法施行細則》規定為防止爆炸應控制於爆炸下限的 0.3）

(二) $Q=8.6\ M^3/min\times5=43.1m^3/min$

---

2. 裝設上應注意事項

(1) 同時使用種類相異之有機溶劑或其混存物，每分鐘所需之換氣量應分別計算後合計之。

(2) 整體換氣裝置之送風機、排氣機或其導管之開口部應盡量接近有機溶劑蒸氣發生源。

(3) 排氣口應直接向大氣開放。

(4) 於有機溶劑作業時間內，不得停止運轉。

(5) 應置於排氣或換氣不受阻礙之處，使之有效運轉。

8.2.4 有機溶劑作業管理

一、應實施之作業管理事項

1. 預防有機溶劑中毒之必要注意事項，應通告全體有關之勞工。
2. 應每週對有機溶劑作業之室內作業場所及貯槽等之作業場所檢點一次以上，檢點結果將有關通風設備運轉狀況、勞工作業情形、空氣流通效果暨有機溶劑或其混存物使用情形等如表 8.4 加以記錄。
3. 設置之密閉設備、局部排氣裝置、或整體換氣裝置應置備各該設備之主要構造概要及其性能之書面資料。
4. 設置之局部排氣裝置及吹吸型換氣裝置每年應依規定項目定期實施自動檢查一次以上，發現異常時應即採取必要措施；紀錄並要保存三年。

表 8.4　有機溶劑作業檢點紀錄表

作業場所名稱：　年　　月　　日	
一、勞工作業及有機溶劑使用情形	
	1. 是否有直接接觸有機溶劑之現象
	2. 是否有不適當之工作方法致使溶劑瀰漫
	3.（如果必要使用防毒口罩時）是否攜帶防毒口罩
	4. 是否隨手對溶劑器加蓋
	5. 檢點本週有機溶劑消費量是否在規定（或原設計）範圍內
	6. 是否室內僅置放當天所需使用之溶劑
	7. 所有溶劑是否標示其種類及名稱
	8. 作業場所是否公告使用有機溶劑應注意事項
	9. 有機溶劑之用量
二、局部排氣裝置	
	1. 氣罩是否被移動
	2. 有無外來氣流影響氣罩效率
	3. 氣罩中有否堆積塵埃
	4. 氣罩及導管有無凸凹、破損或腐蝕
	5. 氣罩及導管是否妨礙工作
	6.（如為附蓋窗之氣罩）是否隨手蓋上蓋窗
	7. 馬達有否故障
	8. 皮帶有否滑移或鬆弛
	9. 空氣清淨裝置是否正常
	10. 調節板是否在適當位置
三、整體換氣裝置	
	1. 風扇機是否故障
	2. 有否新增設備影響空氣流動
	3. 作業場所是否造成正、負壓
	4. 風扇機內、外側是否受阻礙
備註	（記錄檢點結果之建議及改善措施）

主管：____________________　　　　檢點人員：____________________

5. 室內作業場所從事有機溶劑作業時，應將有機溶劑對人體之影響、處置有機溶劑或其混存物應注意事項、及發生有機溶劑中毒事故之緊急措施公告於作業場所顯明之處如表 8.5 所示，使作業勞工周知。

6. 室內作業場所從事有機溶劑作業時，應以明顯標示分別標明其為第一種、第二種、第三種有機溶劑並附其名稱或分別標明為第一種、第二種、第三種有機溶劑混存物如表 8.6 所示。

表 8.5 公告內容

使用有機溶劑應注意事項
1. 有機溶劑可使人體發生 (1) 頭痛。 (2) 疲倦感。 (3) 目眩。 (4) 貧血。 (5) 肝臟障害等不良影響，應謹慎處理。 2. 從事有機溶劑作業時，須注意： (1) 有機溶劑的容器，不論是曾在使用中或不使用，都應隨手蓋緊。 (2) 作業場所只可以存放當天所需要使用的有機溶劑。 (3) 盡可能在上風位置工作，以避免吸入有機溶劑之蒸氣。 (4) 盡可能避免皮膚直接接觸。 3. 如果勞工發生急性中毒時： (1) 立即將中毒勞工移到空氣流通的地方，放低頭部使其側臥或仰臥，並保持他的體溫。 (2) 立即通知現場負責人、安全衛生管理人員或其他負責衛生工作人員。 (3) 中毒勞工如果失去知覺時，應立即將嘴中東西拿出來。 (4) 中毒勞工如果停止呼吸時，應立即替他施行人工呼吸。

註：① 公告方式：
(a) 公告應以木質、金屬或其他硬質材料之公告板行之。
(b) 公告板長應為 1.0 公尺以上，寬為 0.4 公尺以上。
(c) 公告板之表面應為白色，記載文字應為黑色，橫式或直式不拘。
② 公告單位：每一有機溶劑作業場所中顯明之處，使作業勞工周知。
③ 公告板應懸掛於作業場所中顯明之處，並經常擦拭保持清潔。

表 8.6 不同有機溶劑之標示

第一種有機溶劑三氯乙烯	第二種有機溶劑甲苯、丁酮	第二種有機溶劑黏劑（含甲苯、丁酮）	第三種有機溶劑松節油
（紅底白字）	（黃底黑字）	（黃底黑字）	（藍底白字）

7. 應於每一班次指定現場作業主管擔任有機溶劑作業管理員，從事監督作業。但僅從事實驗或研究時，得免設有機溶劑作業管理員。應實施之監督工作包括：
   (1) 決定作業方法，並指揮勞工作業。
   (2) 實施每週有機溶劑作業之室內作業場所及貯槽等之作業場所檢點。
   (3) 監督個人防護具之使用。
   (4) 勞工於貯槽之內部作業時，確認應採取之必要措施已完成。
   (5) 其他為維護作業勞工健康所必要之措施。

   有機溶劑作業主管應使其接受《職業安全衛生教育訓練規則》規定之有機溶劑作業主管 18 小時之安全教育。

8. 於貯槽之內部從事有機溶劑作業時，應依下列規定採取必要措施：
   (1) 派遣有機溶劑作業管理員從事監督作業。
   (2) 決定作業方法及順序於事前告知從事作業之勞工。
   (3) 確實將有機溶劑或其混存物自貯槽排出，並應有防止連接於貯槽之配管流入有機溶劑或其混存物之措施。
   (4) 避免有機溶劑或其混存物流入貯槽所採措施之閥、旋塞應予加鎖或設置盲板。
   (5) 作業開始前應全部開放貯槽之人孔及其他無虞流入有機溶劑或其混存物之開口部。
   (6) 以水、水蒸氣或化學藥品清洗貯槽之內壁，並將清洗後之水、水蒸氣或化學藥品排出貯槽。

(7) 應送入或吸出三倍於貯槽容積之空氣，或以水灌滿貯槽後予以全部排出。

(8) 應以測定方法確認貯槽之內部有機溶劑濃度未超過容許濃度。

(9) 應置備適當之救難設施。

(10) 勞工如被有機溶劑或其混存物汙染時，應使其離開貯槽內部，並使該勞工清洗身體除卻汙染。

9. 中央主管機關指定之有機溶劑之室內作業場所應依勞工作業環境監測實施辦法之規定，每六個月應定期監測有機溶劑濃度一次以上，依規定記錄並保存三年。

二、健康檢查及防護措施

1. 不適宜從事有機溶劑作業者，不得僱用其從事有機溶劑作業。不適宜從事有機溶劑作業之疾病為：

(1) 醇及酮作業：肝疾病、中樞神經系統疾病、視神經炎、酒精中毒。

(2) 二硫化碳之作業：神經系統疾病、精神官能症、癲癇、內分泌失調、腎疾病、肝疾病、動脈硬化、視神經炎、嚴重之嗅覺障礙。

(3) 脂肪族鹵化碳氫化合物之作業：神經系統疾病、肝疾病、腎疾病。

2. 僱用勞工從事屬於特別危害健康作業之有機溶劑作業，應於其受僱或變更其作業之際實施指定項目之特殊體格檢查；在職勞工應於定期檢查期限內（一年）實施相同項目之特殊健康檢查。

須實施特殊體格檢查及特殊健康檢查之有機溶劑作業：

(1) 從事 1.1.2.2-四氯乙烷之製造或處置作業之勞工。

(2) 從事四氯化碳之製造或處置作業之勞工。

(3) 從事二硫化碳之製造或處置作業之勞工。

(4) 從事三氯乙烯、四氯乙烯之製造或處置作業之勞工。

(5) 從事二甲基甲醯胺之製造或處置作業之勞工。

(6) 從事正已烷之製造或處置作業之勞工。

3. 置備與作業勞工人數相同數量以上之必要防護具，如輸氣管面罩、有機氣體用防毒面罩，並保持其性能及清潔。

(1) 應供給勞工佩戴輸氣管面罩之作業：

① 從事曾裝貯有機溶劑或其混存物之貯槽之內部作業。

② 於貯槽等之作業場所或通風不充分之室內作業場所從事有機溶劑作業時間短暫，且未設置密閉設備、局部排氣裝置或整體換氣裝置時。

(2) 應使作業勞工配戴輸氣管面罩或有機氣體用防毒面罩之作業：

① 於貯槽等之作業場所或不充分之室內作業場所從事有機溶劑作業時間短暫，且以整體換氣裝置代替密閉設備或局部排氣裝置為控制設備時。

② 於貯槽等之作業場所或通風不充分之室內作業場所從事有關第二種有機溶劑或其混存物及第三種有機溶劑或其混存物之作業，設置整體換氣裝置為控制設備時。

③ 於室內作業場所或貯槽等之作業場所，開啟尚未清除有機溶劑或其混存物之密閉設備時。

④ 於貯槽等之作業場所或通風不充分之室內作業場所，從事有機溶劑作業，因換氣用局部排氣裝置、吹吸型換氣裝置或整體換氣裝置發生故障效能降低時，及作業場所內部被有機溶劑或其混存物汙染時，在職業安全衛生管理人員或有機溶劑作業管理員指導下搶救人命及處理現場必要作業時。

⑤ 於室內作業場所設置吹吸型換氣裝置，因貨台上置有工作物致換氣裝置內氣流或引起擾亂之虞，從事有機溶劑作業時。

使用之輸氣管面罩應具不使勞工吸入有害氣體之功能，且不得使用輸氣管面罩從事有機溶劑作業，一次連續作業時間超過一小時。

三、貯藏及空容器之處理

1. 室內貯存有機溶劑或其混存物時，應使用備有栓蓋之堅固容器，以免有機溶劑或其混存物之溢出、洩漏、滲洩或擴散，並應於貯槽場所採取「防止閒人進入」及「將有機溶劑蒸氣排除室外之設施」等必要措施。
2. 對於曾貯存有機溶劑或其混存物之空容器而有發散有機溶劑蒸氣之虞者，應將該容器予以密閉或堆積於室外一定之場所。

8.2.5 勞工作業場所容許暴露標準

一、有機溶劑在空氣中濃度之表示方法

1. **PPM**：指溫度在攝氏 25℃、一大氣壓條件下，每立方公尺空氣中氣狀有害物之立方公分數。
2. **mg/m^3**：指溫度在攝氏 25℃、一大氣壓條件下，每立方公尺空氣中粒狀或氣狀有害物之毫克數。
3. **%**：氣狀有害物所占之體積百分率：$1\% = 10^4$ppm。

二、PPM 與 mg/m^3 濃度之換算

$$x\ \text{PPM} \xleftrightarrow[PmmHg]{t℃} y\ \text{mg/m}^3$$

$$x \times \frac{M}{V_M} = y$$

$$y \times \frac{V_M}{M} = x$$

其中 M 為該有機溶劑之分子量；V_M 為在溫度 t°C，PmmHg 大氣壓力下，氣體或蒸氣之克摩爾(g-mole)體積(1/g-mole)，但 t=25°C，P=760mmHg 時，V_M=24.451/g-mole。

三、容許濃度

1. 工作日時量平均容許濃度(PEL-TWA)

為勞工每天工作八小時，大部分勞工重覆暴露此濃度以下，不致有不良反應者。

2. 短時間時量平均容許濃度(PEL-STEL)

為勞工連續暴露此濃度以下 15 分鐘，不致有不可忍受之刺激、慢性、不可逆之組織病變或意外事故增加之傾向或工作效率之降低者。

3. 最高容許濃度(PEL-C)

為不得使勞工有任何時間超過此濃度之暴露，以防勞工不可忍受之刺激或生理病變。

4. 容許濃度應用上應注意事項

(1) 僅作為作業環境改善、管理之依據。

(2) 不得作為：

① 以二種不同有害物質之容許濃度比率作為毒性之相關指標。

② 工作場所以外之空氣汙染指標。

③ 職業疾病之唯一鑑定。

(3) 作業環境中有二種以上有害物質存在而無相乘效應或獨立效應時，應視為相加效應，其計算方法如下：

$$\frac{\text{甲物質成分之濃度}}{\text{甲物質成分之容許濃度}}+\frac{\text{乙物質成分之濃度}}{\text{乙物質成分之容許濃度}}+\frac{\text{丙物質成分之濃度}}{\text{丙物質成分之容許濃度}}+\cdots\cdots\begin{matrix}<\\=\\>\end{matrix}1$$

(4) 雇主對勞工作業環境有害物質之濃度，應：

① 全程工作日之時量平均濃度，不得超過相當八小時日時量平均容許濃度。

② 任何一次連續 15 分鐘之內，平均濃度不得超過短時間時量平均容許濃度。

③ 任何時間不得超過最高容許濃度。

四、作業場所空氣中有害物濃度之監測方法

1. 勞工作業環境採樣監測。
2. 勞工個人採樣監測。

五、勞工作業場所空氣中有害物容許濃度表符號之意義

1. **皮**：表示該物質易從皮膚、黏膜滲入體內，應防止皮膚直接接觸。
2. **瘤**：表示該物質為引起腫瘤物質，作業場所應有防止汙染之密閉防護措施，避免勞工直接接觸。
3. **高**：表示最高容許濃度。

六、有機溶劑蒸氣短時間時量平均容許濃度之計算

PEL – STEL(ppm)=PEL – TWA(ppm)×E.F（變量係數）

表 8.7　變量係數表

容許濃度(PEL-TWA(ppm))	變量係數
0~0.9	3
1~9	2
10~99	1.5
100~999	1.25
1000 以上	1.0

習題

1. 試就局排裝置與整體換氣裝置之優缺點加以比較。
2. 試將局部排氣裝置、各重要設備中列舉三項注意事項。
3. 某局部排氣裝置之氣罩是否切合適用，應如何判定？如判定為不適用，則其主要肇因可能有哪些？且其可行之因應對策又是如何？
4. 請說明維護局部排氣裝置性能的自動檢查計畫。
5. 有機溶劑如何分類？各列舉三種。
6. 有機溶劑應如何實施作業管理？
7. 試列有機溶劑作業檢點紀錄表內容。
8. 試述進行貯槽內部有機溶劑作業時，應採哪些必要措施？
9. 有哪些有機溶劑作業須實施特殊體格檢查及特殊健康檢查，試述之。
10. 設定廠房內欲控制二氧化碳濃度在 5,000ppm，而室外大氣二氧化碳濃度為 300ppm，輕作業二氧化碳呼出每人為 0.298m^3/hr，又鉛中毒預防規定，軟焊作業每勞工應有之必要換氣量 100m^3/hr。某冷氣廠房內作業員 60 名，其中 30 名使用軟焊，試求該廠房之必要換氣量(m^3/min)。
11. 正己烷每天八小時消費 48 公斤，其爆炸範圍 1.1%~7.5%，容許濃度 50ppm，分子量 86，為防止爆炸與勞工中毒其換氣量為多少？若安全係數為 5 時，其換氣量為多少？
12. 作業場所勞工使用甲苯其分子量 92，平均容許濃度 100ppm，若以 200c.c./min 採樣流量實施八小時連續作業測定，經分析甲苯量 20mg，如果作業場所為 25°C、一大氣壓，試求該勞工之暴露濃度為多少 ppm？

13. 一使用甲苯之工作場所、其各時段濃度值如下：

08:00~10:00	80ppm
10:00~11:00	120ppm
11:00~12:00	50ppm
13:00~17:00	40ppm
17:00~18:00	140ppm

（甲苯分子量）八小時時量平均容許濃度 TWA=100ppm(376.2mg/m^3)，問其時量平均濃度及是否合乎規定？

14. 某彩色印刷廠使用有機溶劑正己烷作業場所，在一大氣壓、25°C 條件下，其每日八小時消費量為 30Kg，已知該作業場所長、寬、高為 15M、6M、4M，為避免 CO_2 超過容許濃度必要之新鮮空氣量，每人每分鐘 0.4M^3 以上，又正己烷分子量為 86，火災爆炸範圍 1.1%~7.5%，八小時 TWA ＝50 ppm，求：
    (1) 為避免火災爆炸之最小通風量為何？
    (2) 為預防勞工引起中毒危害之最小換氣量為何？
    (3) 為避免 CO_2 超過容許濃度必要之新鮮空氣量為何？
    (4) 說明該作業場所為保障職業安全衛生應以何值為必要補充新鮮空氣量？

15. 某公司製造部使用有機溶劑作業，連續造成三名工人罹患肝病，若你是該公司部門主管：
    (1) 該公司員工因此而人心惶惶，你該如何處理？
    (2) 引起肝病的原因（非有機溶劑引起），請寫出三種。
    (3) 作業場所引起肝病的化學物質有哪些？
    (4) 有機溶劑引起的肝病如何預防及減少危害？

16. 說明環境監測 (Environmental Monitoring) 和生物偵測 (Biological Monitoring)在評估危害時的優缺點。

勵志小語

快樂

喜樂的心是良藥，

憂傷的靈使骨枯乾。

快樂的秘訣不是做你喜歡做的事，

而是喜歡你做的事。

人類不快樂的唯一原因，

是他不知道如何安靜的待在屋裡，

因為人要的是獵取、追求。

快樂的一切要件，都在你心裡，

決定你是否快樂的關鍵是你的心境，

而非你的境遇。

發生在你身上的事，

正或負面影響決定於你的想法／回應／認知，

若你的態度正確，

危機會變轉機。

你無法預防洪水，但你能學著建造方舟。

快樂不是因為擁有的多而是計較的少。

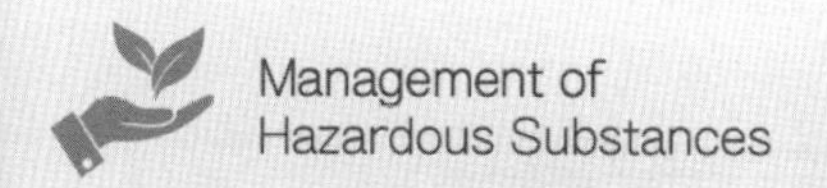

第九章

製程危害分析及風險評估

9.1 前　言

事業單位，尤其是化學工廠、石化工廠為達到預防災害之目的，除設備技術對策之外，如何以安全管理為手段，來確保安全技術能持續且確實落實，在工廠中實為一重要課題。因此，製程安全管理(Process Safety Management, PSM)已成為歐美先進國家防範化學工業災害之主要手段，美國石油學會(American Petroleum Institute, API)、美國化學工程師學會(American Institute of Chemical Engineers, AIChE)、美國化學製造業協會(Chemical Manufactures Association, CMA)、美國職業安全衛生署(Occupational Safety and Health Administration, OSHA)等皆提出了製程安全管理系統。而我國勞委會也在民國 83 年 5 月依《勞動檢查法》第 26 條規定訂定頒布《危險性工作場所審查及檢查辦法》並於 109 年 7 月第十次修正施行至今，該辦法明定各危險性工作場所定向主管機關提出製程安全評估報告書俾憑審查，未經勞動檢查機構審查合格，事業單位不得使勞工在該場所作業，其所屬內容資料與前述美各機構所提之製程安全管理系統比較如表 9.1。其中製程安全（危害）分析（評估）或製程風險管理皆為其中要項，其重要性不言可喻。

表 9.1　製程安全管理系統比較

API750 "MANAGEMENT OF PROCESS HAZARD"	CCPS(AIChE) "TECHNICAL MANAGEMENT OF CHEMICAL PROCESS SAFETY"	OSHA(29 CFR Part 1910.119) "PROCESS SAFETY MANAGEMENT OF HIGHLY HAZARDOUS CHEMICALS"	CMA "Responsible Care"	勞委會危險性工作場所審查及檢查辦法
1. 製程安全資訊 2. 製程危害分析 3. 變更管理 4. 操作程序 5. 安全工作實務 6. 訓練 7. 關鍵性設備之品保及機械完整性 8. 開車前安全審查 9. 緊急應變及控制 10. 製程意外事故調查 11. 製程危害管理系統稽核	1. 管理階層之責任與承諾 2. 製程原理及文件紀錄 3. 建廠設計及審核程序 4. 製程風險管理 5. 變更管理 6. 製程及設備完整性 7. 事故調查 8. 訓練及執行成效 9. 人因工程 10. 標準、規範及法令 11. 稽核及改善計畫 12. 製程安全知識之增進	1. 製程安全資訊 2. 製程危害分析 3. 操作程序 4. 訓練 5. 承攬商管理 6. 開車前安全審查 7. 機械完整性 8. 動火工作許可 9. 變更管理 10. 事故調查 11. 緊急應變計畫 12. 安全稽核	1. 領導與管理 ◆ 責任與承諾 ◆ 績效量測 ◆ 事故調查 ◆ 資訊分享 ◆ 自護計畫完整性 2. 技術 ◆ 設計文件 ◆ 製程危害 3. 資訊 ◆ 製程危害分析 ◆ 變更管理 4. 設施 ◆ 選址 ◆ 規範及標準 ◆ 安全審查	1. 安全衛生基本資料 ◆ 勞工安全衛生管理規章 ◆ 事業單位工作場所安全設備措施 ◆ 勞工安全衛生組織、人員設置及運作 ◆ 危險物及有害物之管理 ◆ 勞工作業環境監測及監督計畫 ◆ 醫療衛生服務及勞工健康保護措施 ◆ 危險性機械設備之管理 ◆ 重要機械設備之管理

表 9.1　製程安全管理系統比較（續）

API750 "MANAGEMENT OF PROCESS HAZARD"	CCPS(AIChE) "TECHNICAL MANAGEMENT OF CHEMICAL PROCESS SAFETY"	OSHA(29 CFR Part 1910.119) "PROCESS SAFETY MANAGEMENT OF HIGHLY HAZARDOUS CHEMICALS"	CMA "Responsible Care"	勞委會危險性工作場所審查及檢查辦法
			◆ 維備及保養 5. 檢查 ◆ 多重防護 ◆ 緊急應變管理 6. 人員 ◆ 工作技能 ◆ 安全工作實務 ◆ 職前訓練 ◆ 員工熟練度 ◆ 適才適用 ◆ 承攬商管理	◆ 童工、女工從事危險性、有害性工作之監督管理 ◆ 勞工安全衛生教育訓練及宣導計畫 ◆ 事故調查處理制度 ◆ 職業災害補償制度 2. 危險性工作場所現況調查 3. 製程安全評估 4. 製程修改安全措施 5. 勞工訓練計畫 6. 自動檢查制度 7. 承攬管理制度 8. 緊急應變計畫 9. 稽核管理制度

9.2 危險性工作場所之分類及申請期限

表 9.2 所示為該辦法對危險性工作場所之分類及申請期限。

表 9.2　各類危險性工作場所之分類及申請期限

工作場所類別	適用範圍	申請期限	申請類別
甲類工作場所	1. 從事石油產品之裂解反應，以製造石化基本原料之工作場所。 2. 製造、處置、使用危險物、有害物之數量達本法施行細則附表一及附表二（參表 9.3、表 9.4）規定數量之工作場所。	作業 30 日前	審查
乙類工作場所	1. 使用中央主管機關指定公告之原料，從事農藥原體合成之工作場所。 2. 利用氯酸鹽類、過氯酸類、硝酸鹽類、硫、硫化物、磷化物、木炭物、金屬粉末及其他原料製造爆竹煙火類物品之爆竹煙火工廠。 3. 從事以化學物質製造爆炸性物品之火類製造工作場所。	作業 45 日前	檢查
丙類工作場所	1. 設置處理能力一日在 100 立方公尺以上或冷凍能力為一日在 20 公噸以上（使用氟氯烷為冷煤者，其冷凍能力為一日 50 公噸以上）之高壓氣體類壓力容器之工作場所。 2. 設置傳熱面積在 500 平方公尺以上之蒸氣鍋爐之工作場所。	籌建開工前 45 日	審查
丁類工作場所	中央主管機關會商目的事業主管機關指定之營造工程之工作場所。	作業 30 日前	審查

表 9.3　製造、處置、使用危險物之名稱、數量

危險物名稱			數量（公斤）
中文	英文	化學式	
過氧化丁酮	Methyl ethyl ketone peroxide	$C_8H_{16}O_4$	2,000
過氧化二苯甲醯	Dibenzoyl peroxide	$C_{14}H_{10}O_4$	5,000
環氧丙烷	Propylene oxide	C_3H_6O	10,000
環氧乙烷	Ethylene oxide	C_2H_4O	5,000
二硫化碳	Carbon disulphide	CS_2	5,000
乙炔	Acetylene	C_2H_2	5,000
氫氣	Hydrogen	H_2	20,000
過氧化氫	Hydrogen peroxide	H_2O_2	5,000
矽甲烷	Silane	SiH_4	50
硝化乙二醇	Nitroglycol	$C_2H_4(NO_3)_2$	1,000
硝化甘油	Nitroglycerin	$C_3H_5(NO_3)_3$	1,000
硝化纖維（含氮量大於 12.6%）	Nitrocellulose	$C_6H_7HO_2(NO_3)_3$	10,000
三硝基苯	Trinitrobenzene	$C_6H_3(NO_2)_3$	5,000
三硝基甲苯	Trinitrotoluene	$C_6H_2CH_3(NO_2)_3$	5,000
三硝基酚	Trinitrophenol	$C_6H_2OH(NO_2)_3$	5,000
過醋酸	Peracetic acid	CH_3COOOH	5,000
氯酸鈉	Sodium chlorate	$NaClO_3$	25,000
雷汞	Mercury fulminate	$Hg(CNO)_2$	1,000
β-丙內酯	β-Propiolactone	$C_3H_4O_2$	100
氯	Chlorine	Cl_2	5,000
氰化氫	Hydrogen cyanide	HCN	1,000

表 9.3　製造、處置、使用危險物之名稱、數量（續）

危險物名稱			數量（公斤）
中文	英文	化學式	
次乙亞胺	Ethyleneimine	C_2H_5N	500
磷化氫	Phosphine	PH_3	50
異氰酸甲酯	Methyl isocyanate	C_2H_3NO	300
氟化氫	Hydrogen fluoride	HF	1,000
四甲基鉛	Tetramethyl lead	$Pb(CH_3)_4$	1,000
四乙基鉛	Tetraethyl lead	$Pb(C_2H_5)_4$	5,000
氨	Ammonia	NH_3	50,000
氯化氫	Hydroen chloride	HCl	5,000
二氧化硫	Sulfur dioxide	SO_2	1,000
光氣	Phosgene	$COCl_2$	1,000
甲醛	Formaldehyde	CH_2O	5,000
丙烯醛	Acrolein	C_3H_4O	5,000
臭氧	Ozone	O_3	100
砷化氫	Arsine	AsH_3	50
溴	Bromine	Br_2	1,000
溴化甲烷	Methyl bromide	CH_3Br	2,000
疊氮化鉛	Lead azide	$Pb(N_3)_2$	5,000
史蒂芬酸鉛	Triphenyl lead		5,000
丙烯腈	Acrylonitrile	C_3H_3N	20,000
重氮硝基酚	Diazodinitrophenol		1,000
其他中央主管機關指定公告者			

註：事業場所內有二個以上從事製造、處置、使用危險物、有害物時，其數量應以各該場所間距在 500 尺以內者合併計算。前述間距係指連接各該工作場所中心點之工作場所內緣之距離。

表 9.4　製造、處置、使用有害物之名稱、數量

有害物名稱			數量（公斤）
中文	英文	化學式	
黃磷火柴	Yellow phosphorus mathc		1
含苯膠糊	Glue that contains benzene		1
二氯甲基醚	Bischloromethyl ether	$C_2H_4Cl_2O$	1
α-奈胺及其鹽類	α-Nafphthylamine and its salts	$C_{10}H_9N$	10
鄰－二甲基聯苯胺及其鹽類	Itolidine and its salts	$C_{14}H_{16}N_2$	10
二甲氧基聯苯胺及其鹽類	Dianisidine and its salts	$C_{14}H_{16}N_2O_2$	10
鈹及其化合物	Beryllium and its componds	Be	10
氯甲基甲基醚	Chloromethyl methyl ether	C_2H_5OCl	300
四羰化鎳	Nickel carbonyl	C_4O_4Ni	100

9.3 甲類工作場所之審查事項

1. 事業單位向檢查機構申請審查甲類工作場所，應填具申請書並檢附下列資料各三份：
   (1) 安全衛生管理基本資料。
   (2) 製程安全評估報告書。
   (3) 製程修改安全計畫。
   (4) 緊急應變計畫。
   (5) 稽核管理計畫。
2. 前列資料事業單位應依作業實際需要，於事前由下列人員組成評估小組實施評估。

(1) 工作場所負責人。

(2) 職業安全衛生人員。

(3) 工作場所作業主管。

(4) 熟悉該場所作業主管。

(5) 曾受製程安全評估訓練合格之人員（以下簡稱製程安全評估人員）。

3. 事業單位因尚未作業而無前列(1)至(4)之人員者得減免該人員參與。

4. 事業單位因尚未設置「製程安全評估人員」，或認為有必要時，得委由曾受製程安全評估訓練合格之下列執業技師為「製程安全評估人員」：

(1) 工業安全技師及下列之一之技師：

① 化學工程技師。

② 工礦衛生技師。

③ 機械工程技師。

④ 電機工程技師。

(2) 技術顧問機構備用之前列技師。

以上同時具有兩種資格者，得為同一人。

5. 實施評估之過程結果應予記錄。

6. 檢查機構對上述審查申請，認為有必要時得前往該工作場所實施檢查，並將審查結果以書面通知事業單位。

7. 事業單位對經檢查合格之甲類工作場所，應於製程修改時或每五年依前述規定檢附之資料實施重新評估，為必要之更改及作成紀錄，保存十年，並將更新部分函報檢查機構備查。

9.4 乙類工作場所之檢查事項

1. 事業單位向檢查機構申請檢查乙類工作場所，應填具申請書，並檢附下列資料各三份：
   (1) 安全衛生管理基本資料。
   (2) 製程安全評估報告書。
   (3) 製程修改安全計畫。
   (4) 緊急應變計畫。
   (5) 稽核管理計畫。
2. 前列資料事業單位應依作業實際需要，於事前由下列人員組成檢核小組實施檢核：
   (1) 工作場所負責人。
   (2) 職業安全衛生人員。
   (3) 工作場所作業主管。
   (4) 熟悉該場所作業之勞工。
3. 事業單位因尚未作業而無前列之人員者，得減免各該人員之參與。
4. 實施檢核之過程及結果應予記錄。
5. 檢查機構對上述檢查之申請，應前往該工作場所實施檢查，並將檢查結果以書面通知事業單位。
6. 事業單位對經檢查機構檢查合格之乙類工作場所，應於製程修改時或每五年依前述規定檢附之資料實施重新檢核，為必要之更新及作成紀錄，保存十年，並將更新之部分函報檢查機構備查。

9.5 甲類及乙類工作場所審檢資料之法定內容

1. 事業單位安全衛生基本資料

(1) 事業單位組織系統圖。

(2) 危險物及有害物之管理。

(3) 勞工作業環境監測及監督計畫。

(4) 危險性機械或設備之管理。

(5) 醫療衛生及勞工健康管理。

(6) 勞工安全衛生組織、人員設置及運作。

(7) 勞工安全衛生管理規章。

(8) 自動檢查計畫。

(9) 承攬管理計畫。

(10) 勞工教育訓練計畫。

(11) 事故調查處理制度。

(12) 工作場所之平面配置圖並標示下列規定事項，其比例尺以能辨識其標示內容為度：

① 危險性之機械或設備所在位置及名稱、數量。

② 危險物及有害物所在位置及名稱、數量。

③ 控制室所在位置。

④ 消防系統所在位置。

⑤ 可能從事作業勞工、承攬人勞工及外來訪客之位置及人數。

2. 製程安全評估報告書

安全評估之目的為針對製程之設備、危險性物質、環境、作業方法、控制設備等可能造成火災、爆炸、中毒、環境汙染或重大事故的因子加以詳盡、深入之探討，找出一些控制設備、措施不良之缺失、盲點、弱點加以有效的控制、注意、改進。一般言之，安全評估最重要之三件工作為危害之確認、危害之分析及危害之控制。

(1) 製程說明：

① 工作場所流程圖。

② 製程設計規範。

③ 機械設備規格明細。

④ 製程操作手冊。

維修保養制度。

(2) 實施初步危害分析(Preliminary Hazard Analysis)以分析發掘工作場所重大潛在危害，並針對重大潛在危害實施下列之一安全評估方法，實施過程應予記錄並將改善建議彙整：

① 檢核表(Checklist)。

② 如果－結果分析(What If)。

③ 危害及可操作性分析(Hazard and Operability Studies)。

④ 失誤樹分析(Fault Tree Analysis)。

⑤ 失誤模式與影響分析(Failure Modes and Effects Analysis)。

⑥ 其他經中央主管機關認可具有上列同等功能之安全評估方法。

(3) 製程危害控制與檢核。

(4) 參與製程安全評估人員應於報告書中具名簽認（註明單位、職稱、姓名、其為執業技師者應加蓋技師執業圖記），及本辦法第 6 條規定之相關證明、資格文件。

3. 製程修改安全措施

(1) 製程修改程序說明。

(2) 安全衛生影響評估措施。

(3) 製程操作手冊修正措施。

(4) 製程資料更新措施。

(5) 勞工教育訓練措施。

(6) 其他配合措施。

4. 勞工訓練計畫

(1) 勞工訓練對象如下：（指危險性工作場所有關之勞工訓練，以下同）

① 主管人員。

② 作業人員。

③ 作業支援人員。

④ 承攬人之勞工。

(2) 勞工教育訓練計畫應配合《職業安全衛生教育訓練規則》，並針對危險性工作場所之特殊危害性規劃下列之相關訓練事項：

① 操作程序。

② 維修保養。

③ 自動檢查。

④ 緊急應變。

5. 自動檢查制度

(1) 檢點表之建立與評估（以乙類工作場所為限）。

(2) 自動檢查計畫與管理(與該工作場所有關之自動檢查為限,以下同)。

(3) 自動檢查基準。

(4) 自動檢查人員之指定與職責。

(5) 自動檢查之記錄及追蹤改善措施。

6. 承攬管理制度

(1) 承攬制度（與該工作場所有關之承攬管理為限，以下同）。

(2) 工作環境、危害因素暨職業安全衛生法及有關安全衛生規定應採取之措施，告知及管理承攬人制度。

(3) 共同作業管理制度。

7. 緊急應變計畫

(1) 緊急應變運作流程與組織（與該工作場所有關之緊急應變為限，以下同）。

① 應變組織架構與權責。

② 緊急應變控制中心位置與設施。

③ 緊急應變運作流程與說明。

(2) 緊急應變設備之置備與外援單位之聯繫。

(3) 緊急應變演練計畫與演練紀錄（演練模擬一般及最嚴重危害之狀況）。

(4) 緊急應變計畫之修正。

8. 稽核管理制度

(1) 稽核計畫，應含下列事項：

① 製程安全評估（應申請檢查之工作場所除外）。

② 正常操作程序。

③ 緊急操作程序。

④ 製程修改安全措施。

⑤ 勞工訓練計畫。

⑥ 自動檢查制度。

⑦ 承攬管理制度。

⑧ 緊急應變計畫。

(2) 稽核程序：

① 稽核組織與職責。

② 稽核紀錄及追蹤處理。

9.6 製程危害分析辨識方法

一般化工廠危害可分為兩大類：本質危害(Inherent Hazard)和系統作用危害(Interact Hazard)。本質危害有四種：易燃性(Flammability)、腐蝕性(Corrosivity)、反應性(Reactivity)與毒性(Toxicity)。例如：「氯」，不論在何種狀況，何種操作，只要一旦外洩即產生致命性危害，此為氯氣之本質危害；又如 SiH_4 之易燃性，AsH_3 之劇毒性等皆屬之。而系統作用危害則是因製程中之高溫、高壓、真空等操作所造成的，原先可能不具本質危害的物質亦可能因操作單元而產生系統作用危害。例如氮氣鋼瓶即是典型的例子，氮氣原本不具危害，但因「壓縮」的程序而產生了系統作用危害。

圖 9.1 所示即為一般進行製程危害分析之流程，評估小組可根據化學物質本質危害及系統危害特性，決定危害等級，篩選需進行更精確危害分析之製程或設備，其間可採用之危害分析方法很多，各分析方法皆有其特點及應用時機，主要有下列八種：

1. 假設狀況分析(What-If Analysis)。
2. 程序／系統危害檢核表(Process/System Checklist)。
3. 相對危害指數。
4. 初部危害分析（Preliminary Hazard Analysis，簡稱 PHA）。
5. 危害及操作性分析（Hazard and Operability Analysis，簡稱 HazOp）。
6. 失誤模式及影響分析（Failure Mode and Effect Analysis，簡稱 FMEA）。
7. 失誤樹分析(Fault Tree Analysis)。
8. 事件樹分析(Event Tree Analysis)。

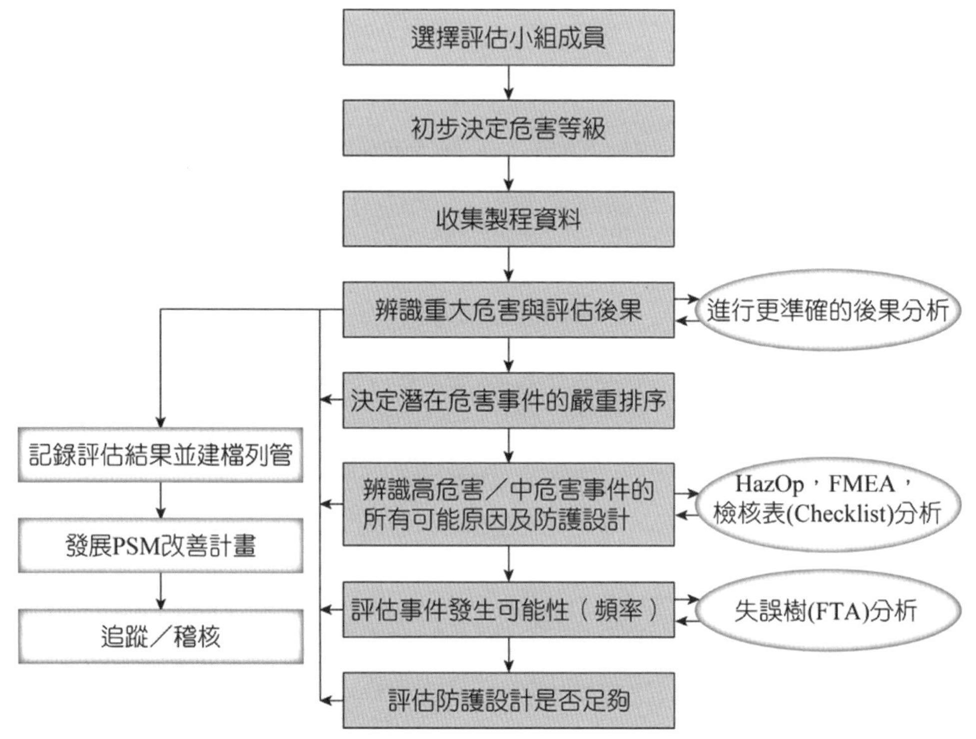

▲圖 9.1　製程危害分析／危險性工作場所安全評估流程

其中檢核表、假設狀況分析、相對危害排序、初步危害分析等技巧通常用於建廠初期一般製程本質危害之粗略評估，而 HazOp 分析及 FMEA 適用於製程設計階段及例行操作過程中之危害分析以辨認危害狀況，再進一步詳細分析。另失誤樹、事件樹之因果分析則針對特定危害狀況進一步分析，需要受過專業訓練者才能執行，表 9.5 為建廠不同階段可以適用之危害分析評估方法。

9.6.1 假設狀況分析(What-If Analysis)

假設狀況分析是一種非結構化的定性危害分析方法，其主要目的為分析製程或系統在反應失控、溫度／壓力劇烈變化、管線破裂等假設狀況下，所可能產生的危害因素及影響並提出改善措施。

假設狀況分析的優點為：

1. 適用於工廠的任何階段（設計建廠或擴廠、修改）。
2. 作業程序簡單。
3. 費用低。
4. 表列危害影響及建議改善措施等項目，易於了解。

假設狀況分析的缺點為：

1. 假設狀況的研擬及分析品質，依賴參與人員的經驗、直覺及想像力等。
2. 缺乏客觀及系統化步驟，分析結果主觀性強。
3. 未能量化或分級危害。

表 9.5　建廠不同階段可以適用之危害分析評估方法

	檢核表	相對危害排序	初步危害分析	假設分析狀況	操作及危害	FMEA	失誤樹分析	事件樹分析
製程研發		*	*	*				
基本設計	*	*	*	*				
試驗工廠	*		*	*	*	*	*	*
細部工程	*		*	*	*	*	*	*
建廠階段	*			*				
正常運轉	*			*	*	*	*	*
擴廠或修改	*	*	*	*	*	*	*	*
事故調查				*	*	*	*	*
停止或除役	*			*				

註：　＊表示可適用；　空白者為不適用。

9.6.2 製程／系統危害檢核表

檢核表是就製程、操作、貯存或物質使用過程中是否符合標準或要求以是非題方式加以確認，以了解缺失及危害所在，其優點為簡明易懂，使用者很快就可進入狀況，建廠任何階段皆可使用，缺點為檢核表之設計需由具經驗之資深工程師負責，並且不能量化。

9.6.3 相對危害指數

為分辨不同物質及不同製程的危害程度，化工界發展出不同的危害指數，最常使用的指數為所謂毒性指數(Toxicity Index, TI)及火災／爆炸指數(Fire Explosion Index, FEI)，這些指數僅供初步鑑定之用，以篩選出潛在危害程度較高之單元，下列為指數應用於貯槽區之危害評估。

TI 的計算方法如下：

$$TI = fT \times VPf \times log\,(INV)$$

其中，fT = 校正係數（含溫度因素(T)、濃度(C)及環境因素(E)）。

H = $NFPA$ 之健康危害等級(1~4)。

VPf = 蒸氣壓因子，可依 20°C 下之蒸氣壓分成四級。

INV = 貯存量，Kg。

一般而言，TI = 1~10 時，較低危害性。

TI = 10~20 時，低度危害性。

TI = 20~40 時，中度危害性。

TI = 40 以上時，高度危害性。

若評估貯槽內之可燃性物質之危害則以火災／爆炸指數(*FEI*)為基準，計算方法如下：

1. 當只有一個貯槽時，則

$$FEI = fF \times VPf \times F \times log\,(INV \times HC/10000)$$

其中，fF = 校正係數（含環境因素、維修狀況及工廠管理）。

VPf = 蒸氣壓因子。

F = $NFPA$ 之燃燒危害等級(1~4)。

INV = 貯存量，Kg。

HC = 每公克物質之燃燒熱，Kcal/kg。

2. 若有數個貯槽同置於一個 Dike 中時，則其 *FEI* 值為：

$$FEI = fF \times VPfA \times FA \times \log\left(\frac{INVA + \left(\sum_{i=1}^{n} \frac{FEIi}{FEIA} \times INVi\right) \times 0.1}{10000} \times HCA\right)$$

其中，fF =校正係數（含環境因素、維修狀況及工廠管理）。

A =槽 A，其 *FEI* 值為各槽 *FEI* 值最大者。

$INVA$ =槽 A 之貯量，Kg。

$INVi$ =其他貯槽之貯量，Kg。

$FEIA$ =槽 A 之 *FEI* 值，其為各槽 *FEI* 值之最大者。

$FEIi$ =其他各槽之 *FEI* 值。

HCA =槽 A 所存物質之燃燒熱，Kcal/kg。

$VPfA$ =槽 A 所存物質之蒸氣壓因子。

FA =槽 A 所存物質之燃燒性危害等級(1~4)。

一般而言，*FEI*=1~10 時，較低危害性。

FEI=10~20 時，低度危害性。

FEI=20~40 時，中度危害性。

FEI=40 以上時，高度危害性。

火災／爆炸指數為貯存物質之相對能量及揮發性程度之衡量標準，換言之即該貯槽之潛在火災／爆炸危害程度之預估。

表 9.6 為貯存化學物質之毒性及火災／爆炸指數值之範例，其優點可篩選出較具危害之設備、單元或製程，來做進一步細部評估。

表 9.6 貯槽區之化學物質的毒性及火災／爆炸指數

化學物質	數量（噸）	蒸氣壓 (mm/Hg)	健康性危害等級 (NFPA)	燃燒性危害等級 (NFPA)	燃燒熱（仟卡／公斤）	毒性指數 (TI)	火災／爆炸指數 (FEI)
二甲基甲醯胺	160	27	1	2	9820.5	5.8	10.7
丁酮	160	77.5	1	3	3113.9	5.5	14.2
甲苯	160	110.6	2	3	10138	10.4	15.6
乙二醇	30	0.05	1	1	4546.8	4.5	4.1

9.6.4 初步危害分析

初步危害分析(Preliminary Hazard Analysis)是在一個工程專案可行性研究或構想設計時，所使用的危害辨識方法，其主要目的為對運轉或構思中之化學工廠所使用之危害物質、生產流程及設備設施作初步檢討以了解可能產生之危害及安全設施之缺失，其優點為構想設計初期可以協助設計者及早發現基本設計的缺點，促使設計者增添安全防護設施，以減少設計完成後修正時所需的人力及時間。主要的缺點為無法量化，因此無法區分危害項目的嚴重性及順序。且分析結果受分析者主觀影響。表 9.7 為初步危害分析之範例。

表 9.7　初步危害分析檢核表

一、危害物質初步危害分析：

檢查何種物質具有何種危害性（如原料、中間物、產物、副產物、廢棄物、意外事故、反應之生成物或燃燒生成物）？人員是否充分了解？

1. 是否有易形成蒸氣雲之物質？
2. 是否具有立即毒性之物質？
3. 是否具有慢性毒性、致癌性、致突變性或致畸胎性之物質？
4. 是否具易燃性之物質？
5. 是否具可燃性物質？
6. 製程物質之貯存、易燃物或毒性物質的貯存溫度，是否高於其沸點？

二、製程設計初步危害分析：

對民眾、控制室員工、鄰近製程、辦公室或工廠來說，此製程單元若有下列情形發生，會產生什麼樣的危害？

1. 是否有收集毒性、易燃性或其他物質的開放溝渠、窪地、汙水坑？
2. 是否應安裝水泥牆或柵欄，以預防因爆炸而危害到鄰近區域之人員和設備？
3. 高溫設備或火源是否刻意避開或隔離可燃性物質洩漏源？

三、操作區初步危害分析：

員工會暴露於何種火災和爆炸危害下，而且如何降低這些危害？

1. 是否存在引火源（如：明火、焊接、電熱器、靜電）？
2. 員工可能在取樣處暴露到化學性危害？是否需特殊的防護方法？
3. 員工可能在裝運原料處暴露到化學性危害？是否需特殊的防護方法？
4. 員工可能從管線或塔槽或製程處暴露到化學性危害？是否需特殊的防護方法？
5. 是否需個人防護器具？
6. 於危害存在處所是否有緊急洗眼和沖洗設施？
7. 是否定期檢查員工健康情形，並實施健康管理？

表 9.7　初步危害分析檢核表（續） 

四、貯存區危害分析：
1. 物料之裝卸操作是否有操作中持續監控（在現場監控或以電視監控）？
2. 照明是否恰當？
3. 通道之配置是否有考量步行、交通工具及緊急設備之安全移動？
4. 易燃性液體槽車在裝卸物料時是否有作接地、跨接及輪擋？
5. 接近工作區之槽車裝料平台作業是否訂定安全操作程序？
6. 對在槽車頂工作之員工作業是否有預防其墜落危害之措施？
7. 對在貯槽頂工作之員工作業是否有提供安全之通路？
8. 對毒性易燃性物質之貯槽是否有防洩漏蔓延之保護（如防液堤）？
9. 貯存區之消防設備是否足夠並合適使用於現場火災？
10. 貯槽進出管線是否有洩漏防止之緊急遮斷措施？

9.6.5　危害與操作性分析(HazOp)

HazOp 是一種簡單而結構化的危害辨識方法，是一種可用以分析製程中可能出現之危害原因及後果，並提出改善對策。其優點為分析簡單並具結構化性質，分析以多人集會方式進行，分析結果較完善，是目前應用最普遍之危害分析方法；缺點為無法量化，難以區分危害項目之因果關係。圖 9.2 為 HazOp 分析流程圖，先選擇分析結果，再利用導字推測危害分析及後果。

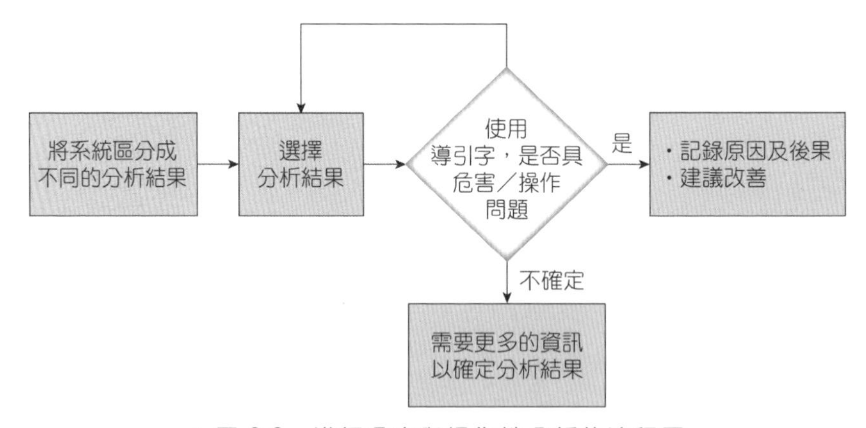

▲圖 9.2　進行危害與操作性分析的流程圖

表 9.8 所示為 HazOp 分析結果報表，茲說明如下：

表 9.8　液化石油氣(LPG)球槽的 HazOp 紀錄格式

製程名稱：液化石油氣(LPG)製程
分析結：LPG-001
管線或設備敘述：2000^{3}M LPG 球槽
所含管線與設備編號：LPG-V_1、LPG-V_2
圖號：LPG-001

項次	導字	可能原因	可能結果	保護措施／補充說明	嚴重性	可能性	危害分級
011	製程參數：液位高	液位計故障	壓力升高，安全閥釋壓	有高壓警報，廢氣排放至廢氣燃燒塔處理	B	3	3
012	低	輸出量計算錯誤	出料泵抽空，引發火災	泵設有空轉自動停止保護裝置及消防設備	C	3	4
021	製程參數：溫度高	槽區發生火災	嚴重時降低球槽鋼材強度，使得球槽倒塌	設有高溫警報，連結自動灑水降溫裝置及消防灑水設施	A	5	5

一、選擇製程參數

由於化學製程通常包括許多步驟（程序），每一程序或操作皆在製程設施，如貯槽、管線、幫浦內進行，而這每一個製程設施即稱為分析節點，而每一個製程設施要正常運作皆有其操作條件、製程參數等，包括溫度、壓力、流量、液位、成分、反應、濃度等。

二、導引字

導引字係用以找出因參數偏差而造成之危害，常用之導引字如下：(1)不／無(NO)：如不流動；(2)過多(More)：如壓力過高；(3)過少(Less)：如流量不足；(4)部分(Part of)：如反應不完全；(5)相反(Reverse)：如逆流等。

三、偏差(Deviation)及偏差原因(Cause)

當製程設施之參數發生改變或操作狀況不符時，即為偏差，而造成偏差之原因，即為導致危害之根源。

四、偏差後果(Consequence)

所謂偏差後果可能是直接造成危害，也可能並未立即造成危害但卻導致下一個製程操作發生偏差。

五、建議事項

就偏差原因提出可行之改善對策，或作成初步建議。

六、偏差後果之可能性及嚴重性評估

由於偏差後果不只一個，為使其建議事項能有優先執行順序，因此，有必要對這些偏差後果發生之可能性及嚴重性加以排序，所謂可能性係指偏差後果發生機率之大小，可分級如表 9.9 所示。

表 9.9　偏差後果之可能性分級

級數	平均每年發生次數	可能性
1	＞1	高度
2	0.1~1	適度
3	0.01~0.1	中度
4	0.0001~0.01	低度
5	＜0.0001	極低

嚴重性係指後果產生之危害程度，可依環境衝擊、人員傷亡、財務損失及停工日數加以分級如表 9.10 所示。而偏差後果所造成風險大小，係由偏差後果之可能性與其嚴重性的乘積大小決定之，如表 9.11 所示。表中之風險等級判定可依表 9.12 決定，亦即風險等級為 1、2 應優先考慮改善。

表 9.10　偏差後果嚴重性分類

等級	環境衝擊（洩漏中毒）	人員傷亡	財物損失	停工日數
A	及於廠外	一人死亡或三人受傷	2,000 萬以上	停工一個月
B	整廠	永久失能	1,000 萬至 2,000 萬	停工二週
C	個別廠房	暫時失能	500 萬至 1,000 萬	停工一週
D	局部設備附近	醫療傷害	500 萬以下	短時間停爐
E	無明顯危害	無明顯危害	無明顯危害	無明顯危害

表 9.11　風險矩陣

後果嚴重性	後果可能性				
	1	2	3	4	5
A	1	1	2	3	無可能
B	1	2	3	4	無可能
C	3	3	4	4	無可能
D	4	4	4	4	無可能
E	無危害	無危害	無危害	無危害	無危害

表 9.12　風險等級判定標準

風險等級	風險等級判定標準
1	不能接受，應盡速改善以使風險等級降至 3（含）以上。
2	不宜接受，應於合理期限內改善，使風險等級降至 3（含）以上。
3	有條件接受，須加強控制與安全保護。
4	無需採取任何措施。

9.6.6 失誤模式及影響（嚴重度）分析

失誤模式及影響分析是分析鑑定、單元設備的失誤或失常的方式、發生機率及所造成影響的方法，在系統設計初期即可應用，分析之對象是系統或子系統之零組件（單元設備），因此不適於分析人為因素或多元設備失常所造成之意外事件。其優點為易於實施、對硬體設備的檢核徹底，可區分不同危害項目的相對嚴重性，主要缺點為僅能針對單元設備而無法分析設備間或系統性的危害，並難以考量人為失誤。

表 9.13 為 FMEA 之分析範例，其中嚴重度分數(Quantitative Criticality Scores, *QNCS*)計算如下：

$$QNCS = F \times S \times D$$

F：故障頻率。

S：影響嚴重度。

D：故障形式偵知能力。

表 9.13　失誤模式影響及嚴重度分析表範例

日期： 設備：				頁碼：________至________ 系統：				
元件確認	元件描述	潛在故障形式	影響故障形式	*F*	*S*	*D*	*QNCS*	嚴重度類型

表 9.14 所示為 *FSD* 之等級劃分，*QNCS* 與嚴重度類型關係如表 9.15，從表 9.13 吾人可界定並針對可能造成最嚴重後果的元件進行深入分析。

表 9.14 故障形式影響及嚴重度分析相對嚴重度等級劃分

嚴重度變數	相對等級劃分
機率	1＝觀察不到，但有可能 2＝過去很少觀察 3＝經過一年 4＝經過一季 6＝經過一個月 8＝經過一週 10＝經過一天
嚴重度	1＝元件故障，但不造成傷害 4＝元件故障，可能造成未成年人傷害 8＝元件故障，可能造成成年人傷害 10＝元件故障，可能對生命造成威脅
偵知能力	1＝能夠輕易察覺 4＝經由新進員工或安全警衛察覺 6＝經由具經驗員工察覺 8＝經由製程設備工程師察覺 10＝無法察覺

表 9.15 故障形式影響及嚴重度分析嚴重度定義

嚴重度類型	潛在故障影響	定量嚴重度界限範圍
類型 1：災變	故障造成潛在生命損失，必須立即停工。	90~1,000
類型 2：危急的	故障造成操作或製程中斷，擾亂大部分製程、立即造成人員潛在危害、不可逆的健康效應，製程必須停止。	15~89
類型 3：較大的	故障造成財產損失、預期製程混亂、造成人員潛在危害、可逆的健康效應，製程必須停止。	5~14
類型 4：較小的	故障造成製程設備需做例行的維護，最小程度或無危害到人員。	1~4

9.6.7 失誤樹

失誤譜（失誤樹）是一種系統化歸納事件來龍去脈的圖形模式，可將引發意外事件的設備、人為的失誤以及它們的組合找出。這種方法採取「逆向思考」方式以正本清源，分析者由終極事件開始，反向逐步分析可能引起事件的原因，一直到基本事件（原因）找到為止。分析結果是一個完整的失誤譜及足以引發意外（終極）事件的失誤組合清單。其優點包括：

1. 理論已發展完全，步驟系統化，且有許多可靠的電腦程式可供應。
2. 分析者可以選擇意欲分析的後果（終極事件），然後逆向歸納造成後果的基本事件（失誤）及其順序。
3. 如果機率數據齊全，結果可以計量化。

主要缺點為：

1. 複雜事件的失誤樹往往包括數千個中間事件，即使應用電腦，仍然需要許多人力。
2. 分析者限於經驗往往很難考慮所有的因素，不同分析者所得的結果可能大不相同。
3. 失誤譜假設所有的失誤為完全失誤，實際上許多設備零件的失誤往往是「局部」性。

一、失誤樹常用符號說明

建立失誤樹時所使用符號與名詞，其定義說明如下：

表 9.16 失誤樹常用符號及定義

頂端事件(TOP EVENT)	故障事件(INTERMEDIATE EVENT)
指重大危害或嚴重事件，如火災、爆炸、外洩、塔槽破損等，是失誤樹分析中邏輯演繹推論的起始。	失誤樹分析中邏輯演繹過程中的任一事件。
基本事件(BASIC EVENT)	未發展事件(UNDEVELOPED EVENT)
失誤樹分析中邏輯演繹的末端，通常是設備或元件故障，或人為失誤。	失誤樹分析中因系統邊界或分析範圍之限制，或其產生之後果影響不那麼具關鍵性，未繼續分析下去之事件。
「或」邏輯閘(OR GATE)	「且」邏輯閘(AND GATE)
失誤樹分析中兩個或兩個以上原因其中之一發生，就會導致某一中間事件或頂端事件發生。	失誤樹分析中兩個或兩個以上原因同時發生，才會導致某一中間事件或頂端事件發生。

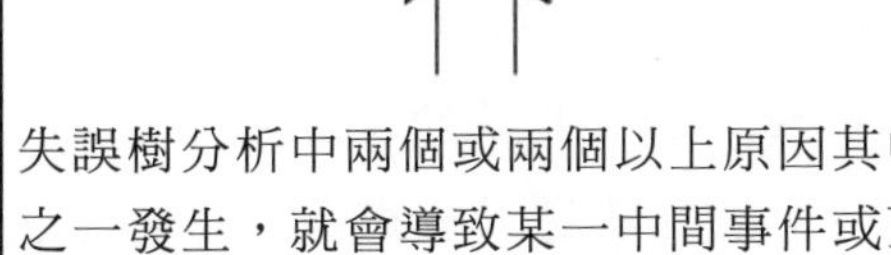

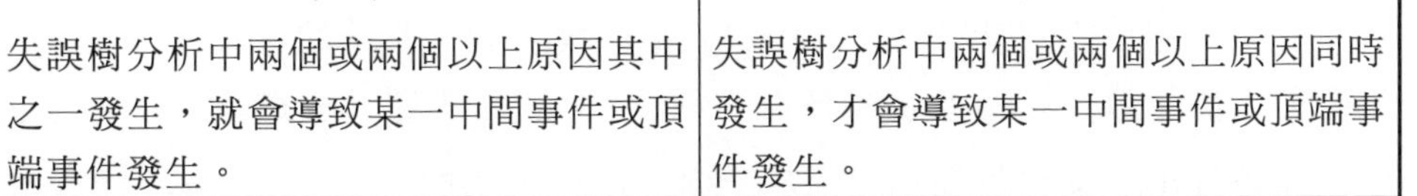

表 9.16　失誤樹常用符號及定義（續）

切割集合(CUT SET)	最小切割集合(MINIMAL CUT SET)
如 ABC 三基本事件同時發生會造成頂端事件，則 ABC 是一組切割集合。	如 AB 同時發生會造成頂端事件，但 A 不會引發頂端事件且 B 亦不會引發頂端事件，則 AB 是一組最小切割集合。若此時 AB 和 ABC 皆存在，因 AB 涵蓋 ABC，故僅 AB 是最小切割集合，ABC 應消去，以避免重覆計算機率。
抑制邏輯閘(INHIBIT GATE)	轉頁號(TRANSFER SYMBOLS)
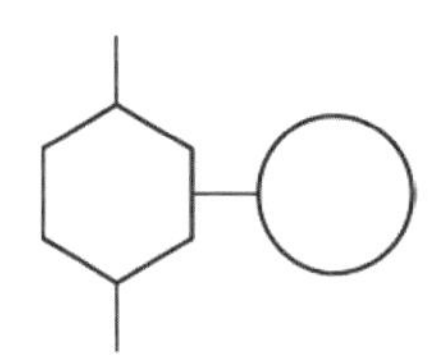	
輸入端的原因事件必須符合某些限制條件後才會導致輸出端的後果事件發生。	失誤樹的結構很大，在一張報表紙上印不下，可轉接其他報表。TRANSFER OUT 為由其他報表轉來的事件，對應一 TRANSFER IN 編號。TRANSFER IN 為轉出至其他報表的事件，對應一 TRANSFER OUT 編號。

失誤樹建立之後常需做定性與定量分析，定性分析包括：(1)尋找失誤樹的最小切集合(minimum cut set)；(2)分析每一個基元事件的重要性，定量分析則包括估算各切集合及各事件之重要性。失誤樹雖然構建危害事件之前因後果並找出終極事件引發之原因，但由於失誤樹的不同分支，若有相同的基本元件如圖 9.3，A1、A2 皆有 A 之基本元件，機率將會有重覆計算之錯誤。因此，需使用布林代數來加以簡化，此即為定性分析，表 9.17 所示為布林代數恆等式。

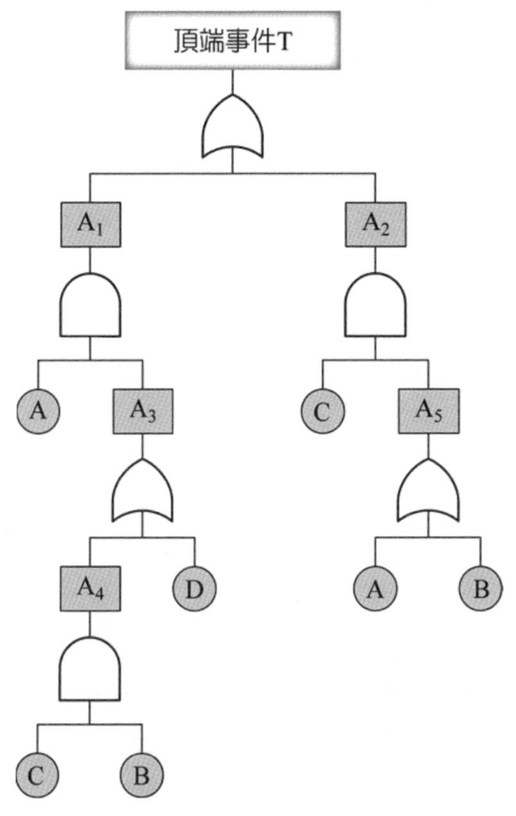

▲圖 9.3　失誤樹之範例

表 9.17　布林代數恆等式

1. 交換律	A・B=B・A A+B=B+A
2. 結合律	A(B・C)=(A・B)C A+(B+C)=(A+B)+C
3. 分配律	A(B+C)=AB+AC
4. 冪等律	A・A=A A+A=A
5. 吸收律	A(A+B)=A A+(A・B)=A
6. 其他	1+A=1 1・A=A

以圖 9.3 為例，其布林代數計算如下：

$$T=A(BC+D)+C(A+B)=ABC+AD+CA+CB=AD+CA+CB$$

若假設各基本元件 A、B、C、D 之失誤率(failure rate)各為 1×10^{-1}，2×10^{-2}，1×10^{-2}，2×10^{-1}，代入上式即得

$$T=(1\times10^{-1}\times2\times10^{-1})+(1\times10^{-2}\times1\times10^{-1})+(1\times10^{-2}\times2\times10^{-2})$$
$$=2\times10^{-2}+1\times10^{-3}+1\times10^{-4}=0.0212$$

所謂失誤率是指某設備或元件在某一單位時間內發生故障之頻率，若定義機器設備之可靠度 $R=e^{-\lambda t}=e^{-t/T}$ 式中，λ 為失誤率，t 為操作時間，T 為兩次失誤期間之平均時間(Mean Time Between Failures, MTBF)，則 $1-R$ 即為機器設備發生故障之機率。

二、最小切集合

從圖 9.3 可以看出 T=A(BC+D)+C(A+B)，故 A(BC+D)與 C(A+B)皆為切集合，切集合是基元事件之集合，若切集合發生，則頂上事件一定發生。但切集合未必是最小切集合。圖 9.3 經布林代數簡化後，可寫成 T=AD+CA+CB 亦即 T 可分解成三個切集合 AD、CA、CB，此時 AD、CA、CB 均由最小的基本元件由「且閘」組合，故改為最小切集合如圖 9.4 所示，亦即兩個基本元件需同時發生，T 才會發生。最小切集合若只含有一個基元事件稱為一元最小切集合，若有兩個基本事件則稱為二元最小切集合，在安全設計上，需以排除一元事件為優先。

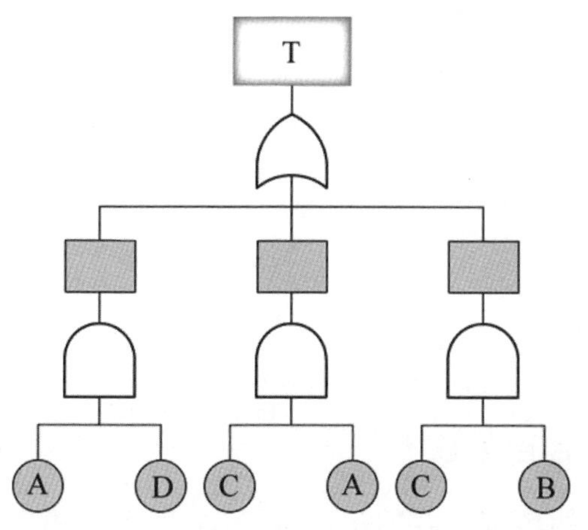

▲圖 9.4　上圖經布林代數簡化之失誤樹

三、失誤樹之定量分析

(一) 內含或閘（非互斥事件）

若 A 與 B 兩事件能同時發生，則稱 A 與 B 為非互斥事件，事件 A 單獨發生之機率為 $P(\mathrm{A})$，事件 B 單獨發生機率為 $P(\mathrm{B})$，事件 A、B 同時發生之機率為 $P(\mathrm{A}\cap\mathrm{B})$，則頂端事件 T 發生之機率為：

$$P(\mathrm{T})=P(\mathrm{A})+P(\mathrm{B})-P(\mathrm{A}\cap\mathrm{B})$$

由於 $\mathrm{P}(\mathrm{A}\cap\mathrm{B})$不易求得，故用下式計算

$$P(\mathrm{T})=1-[1-P(\mathrm{A})][1-P(\mathrm{B})]$$

若 $P(A)=0.01$，$P(B)=0.02$，$P(C)=0.1$，且 A、B、C 能同時發生，求 $P(T)$？

$$P(T)=1-(1-0.01)(1-0.02)(1-0.1)$$
$$=1-(0.99)(0.98)(0.9)=0.127$$

(二) 外斥或閘（互斥事件）

不能同時發生的各個事件為互斥事件，A 事件與 B 事件若為互斥事件，則事件 T 發生之機率為：

$$P(T)=P(A)+P(B)$$

若 $P(A)=0.04$，$P(B)=0.03$，$P(C)=0.06$，試求 $P(T)$，其中 A、B、C 均為獨立事件。

$$P(T)=P(A)+P(B)+P(C)$$
$$=0.04+0.03+0.06=0.13$$

(三) 且閘(且各為獨立事件)

若事件 A 與事件 B 為且閘聯結，則頂端事件 A 發生機率為

$$P(\mathrm{T})=P(\mathrm{A})P(\mathrm{B})$$

若 $P(\mathrm{A})=0.03$，$P(\mathrm{B})=0.01$，$P(\mathrm{C})=0.06$，試求 $P(\mathrm{T})$，其中 A、B、C 皆為獨立事件。

$$P(\mathrm{T})=P(\mathrm{A})P(\mathrm{B})P(\mathrm{C})=(0.03)(0.01)(0.06)$$
$$=1.8\times10^{-5}$$

四、最小切集合及各基本元件重要性之估算

頂端事件既由多個最小切集合組合而成，則每一個最小切集合對於頂端事件 T 發生之重要性亦不同，最小切集合之重要性可以下式計算：

$$\mathrm{I}_{Mi}=\mathrm{P}(M_i)/\mathrm{P}(T)$$

式中 $P(M_i)$為最小切集合 M_i 發生機率。

而基本元件對頂端事件發生之重要性為

$$I_E=\frac{1}{P(T)}\left[P(M_i)+P(M_2)+\cdots\cdots P(M_n)\right]=I_{M1}+I_{M2}+\cdots+I_{Mn}$$

式中 M_1、M_2、M_n 為 n 個輸入端含有基本元件 E 之切集合。

若下圖之失誤樹中，$P(\mathrm{A})=0.1$，$P(\mathrm{B})=0.2$，$P(\mathrm{C})=0.3$，求(1)各切集合之重要性；(2)各基本元件之重要性。

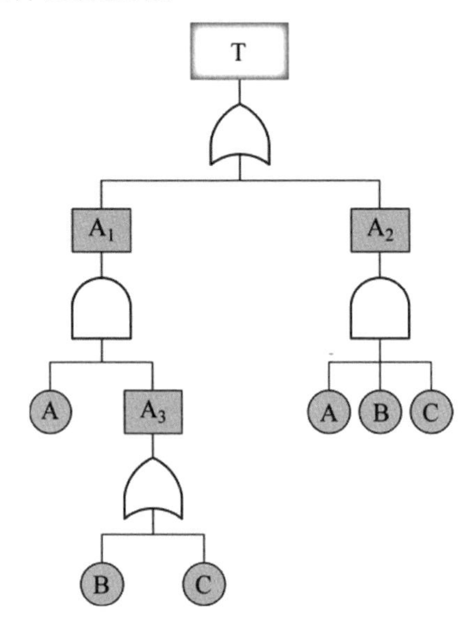

(1) $T=\mathrm{A(B+C)+ABC=AB+AC+ABC=AB+AC(1+AB)}$
$\mathrm{=AB+AC}$

(2) 以最小切集合重建失誤樹：

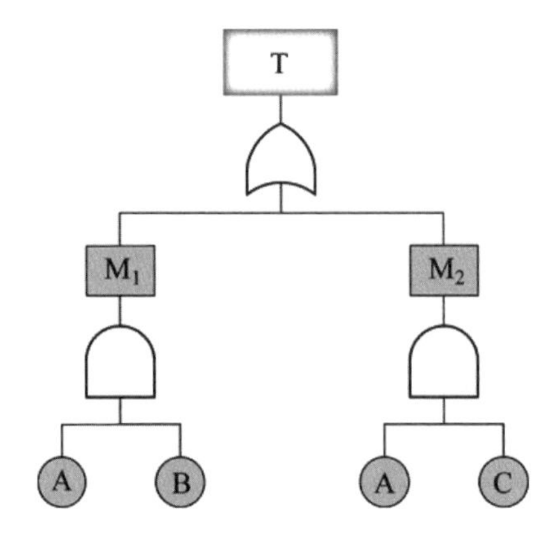

(3) 計算各切集合及頂端事件 T 發生機率

切集合 $P(M_1)=0.1\times0.2=0.02$

切集合 $P(M_2)=P(\text{A})\times P(\text{C})=0.1\times0.3=0.03$

事件 $T=M_1+M_2=1-[1-P(M_1)][1-P(M_2)]$

$=1-[1-0.02][1-0.03]=1-(0.98)(0.97)$

$=0.0494$

(4) 計算各切集合及元件 A、B、C 之重要性

$I_{M_1}=P(M_1)/P(\text{T})=0.02/0.0494=0.4049$

$I_{M_2}=P(M_2)/P(\text{T})=0.03/0.0494=0.6073$

$I_{\text{A}}=I_{M_1}+I_{M_2}=0.4049+0.6073=1.0122$

$I_{\text{B}}=I_{M_1}=0.4049$

$I_{C}=I_{M_2}=0.6073$

由上例可知事件 A 的重要性最高，其次為事件 B 及 C，即在考量採取預防措施時，應優先清除事件 A 之發生原因，只要 A 事件不發生，T 就不會發生。

例題五

求下圖 A 事件發生之機率。

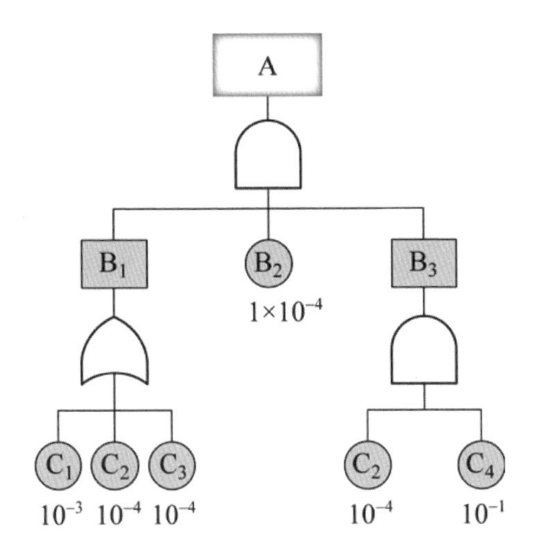

首先求 A 事件的最小切集合，再代入各基元事件的機率。

$A=B_1B_2B_3=(C_1+C_2+C_3)B_2C_2C_4$

$=C_1B_2C_2C_4+C_2B_2C_2C_4+C_3B_2C_2C_4$

$=C_1B_2C_2C_4+B_2C_2C_4+C_3B_2C_2C_4$

$=B_2C_2C_4(C_1+1+C_3)=B_2C_2C_4$

$=10^{-4}\times10^{-4}\times10^{-1}=10^{-9}$

例題六

求下圖 A 事件之發生機率。

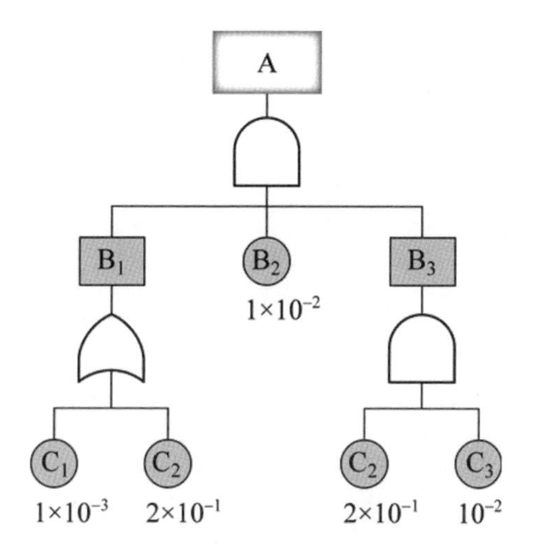

$$A = B_1B_2B_3 = (C_1+C_2)B_2C_2C_3 = C_1B_2C_2C_3 + C_2B_2C_2C_3$$
$$= C_1B_2C_2C_3 + B_2C_2C_3 = B_2C_2C_3(C_1+1) = B_2C_2C_3$$
$$= 10^{-2} \times 2\times10^{-1} \times 10^{-2} = 2\times10^{-5}$$

例題七

有一批次反應常因物料 A 注料作業中靜電火花引發爆炸，今業者為防制此危害採取下列安全措施：

1. 物料 A（其閃火點為 20℃）注料前先經由冷凍機降溫至 5℃（唯有停電時冷凍機才會失效）
2. 反應時採氮封計（唯有氮氣不足才會失效）

3. 靜電火源控制措施為 a.接地等電連結 b.離子風扇（停電或風扇故障此功能才會失效）

各系統之失誤機率如下表：

系統	機率
環境溫度低於 20℃	0.1
停電	10^{-3}
氮氣不足	2×10^{-3}
離子風扇故障	10^{-4}
接地／等電位連結失效	10^{-3}

(1) 請畫出與物料 A 作業引發爆炸為頂端事件之失誤樹圖。

(2) 請求出最小切集(Minimum Cut Set)。

(3) 請求出頂端事件之發生機率。

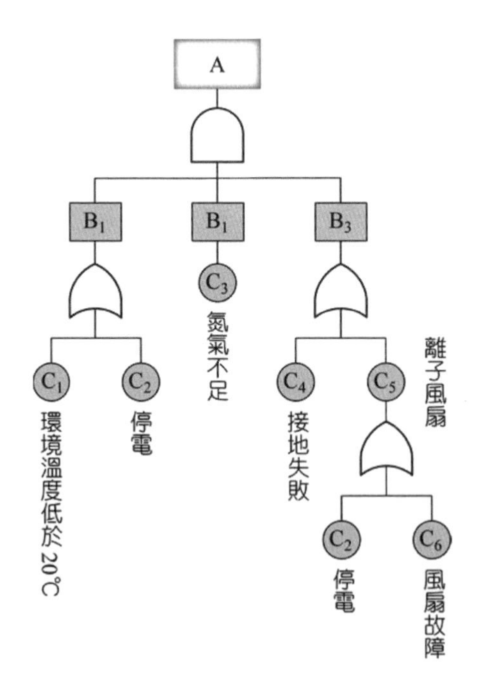

$A=B_1 \times B_2 \times B_3$

$=C_1C_2C_3(C_4(C_2+C_6))$

$=C_1C_2C_3C_4C_4C_2+C_1C_2C_3C_4C_6$

$=C_1C_2C_3C_4+C_1C_2C_3C_4C_6$

$=C_1C_2C_3C_4(1+C6)$

$=C_1C_2C_3C_4$（最小切集合）

$=0.9 \times 10^{-3}+10^{-3} \times 2 \times 10^{-3}$

$=1.8 \times 10^{-9}$（頂端事件發生機率）

9.6.8 事件樹

（事件樹）是一種鑑定及量化一個起始事件可能造成之影響並逐步分析安全措施是否操作正常直至結果的程序。事件樹的思考步驟與失誤譜剛好相反，是一種「前瞻性」及推演式的程序，分析者依據事件（失誤）可引發的動作，逐步推演至結果。

事件樹分析可應用於事故發生前找出安全系統的缺陷及失誤可能造成的影響，事件樹亦可於意外發生後，作為鑑定結果時使用，因此事件樹普遍為核能及化學工業界所使用。其優點為可以系統地表達一件意外發生後所引發的後果及其順序，機率數據齊全時，可得出計量化的結果並可以協助分析者找出安全系統的缺陷。其缺點為：事件譜假設所有的事件為獨立性事件，事件僅能由原因推演至後果，而無法鑑定造成後果發生的原因。

圖 9.5 為分析事故發生後可能造成哪些影響或後果，以液化石油氣洩漏為例，洩漏後發生之狀況，依時間發展順序分別為：

1. 立即著火(B)。

2 未能著火，蒸氣雲被風吹至人煙稠密地區(C)。

3. 延遲著火(D)。

4. 非密閉空間氣雲爆炸(E)（有機蒸氣與空氣混合後，形成易燃蒸氣雲，如果著火，火焰速度急速增加，會造成嚴重的爆炸）。

5. 貯槽附近的噴射火焰(F)。

狀況發生的頻率或機率列於表 9.18 中，表 9.19 則顯示各種後果的頻率。

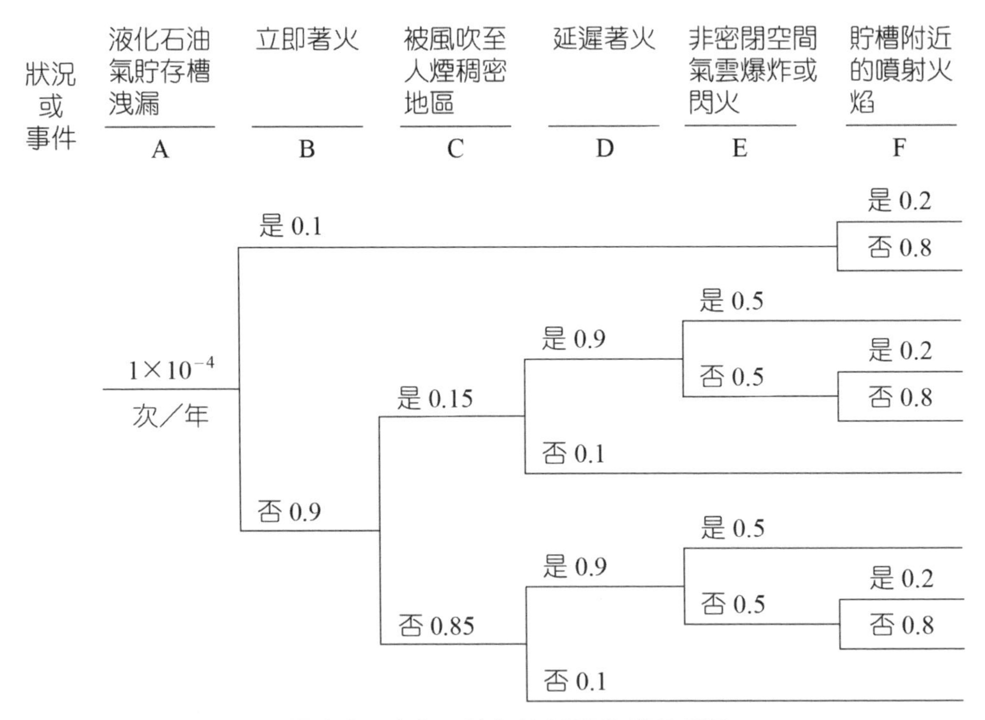

▲圖 9.5　液化石油氣洩漏事件樹分析圖

表 9.18　液化石油氣洩漏後產生的分類事件機率及頻率

事件或狀況	頻率或機率（次／年）
1. 高壓液化石油氣洩漏	1.0×10^{-4}
2. 由貯槽洩漏後立即著火	0.1
3. 被風吹至人煙稠密地區	0.15
4. 在人煙稠密地區著火（延遲著火）	0.9
5. 非密閉空間氣雲爆炸	0.5
6. 貯槽附近的噴射火焰	0.2

表 9.19　液化石油氣洩漏之後果及頻率

後果	發生順序	頻率（次／年）
液體沸騰蒸氣膨脹爆炸	ABF	2×10^{-6}
地區性熱危害	$AB\bar{F}$	8×10^{-6}
非密閉空間氣雲爆炸	$A\bar{B}CDE$	6.1×10^{-6}
閃火及液體沸騰蒸氣膨脹爆炸	$A\bar{B}CD\bar{E}F$	1.2×10^{-6}
閃火	$A\bar{B}CD\bar{E}F$	4.9×10^{-6}
延遲著火	$A\bar{B}C\bar{D}$	1.4×10^{-6}
非密閉空間氣雲爆炸	$A\bar{B}\bar{C}D\bar{E}$	34.4×10^{-6}
閃火及液體沸騰蒸氣膨脹爆炸	$A\bar{B}\bar{C}D\bar{E}F$	6.9×10^{-6}
閃火	$A\bar{B}\bar{C}D\bar{E}\bar{F}$	27.5×10^{-6}
延遲著火	$A\bar{B}\bar{C}\bar{D}$	7.1×10^{-6}
	合計	100×10^{-6}

例題八

某一架橋劑（過氧化物）製程，其為放熱反應(exothermic reaction)。在此反應中須添加冷卻水以防止溫度過高而引發失控反應。此外，另設有高溫警報器，當操作員聽到警報器會將冷卻水飼入反應器及自動停機系統停止反應。現在冷卻水系統失效的情況之下，試畫出事件樹，並求反應器失控反應

(Runaway reaction)的機率(probability)。其相關條件如下：

(1) 起始事件（冷卻水系統失效）發生機率為 2.5×10^{-2}／年

(2) 在溫度 T1 時，高溫警報器警告操作員（故障率＝5×10^{-2}／年）

(3) 操作員聽到警報後將冷卻水飼入反應器（故障率＝10^{-1}／年）

(4) 在溫度達 T2 時，自動停機系統停止反應（故障率＝10^{-2}／年）

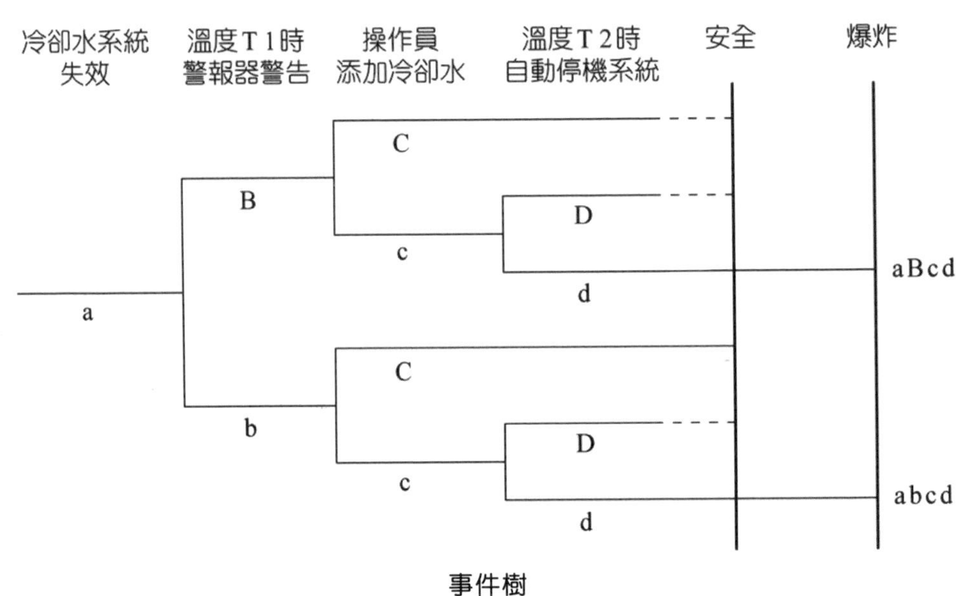

事件樹

反應器失控反應機率 $=aBcd+abcd=acd(B+b)=acd=2.5\times10^{-2}\times10^{-1}\times10^{-2}=2.5\times10^{-5}$

9.7 意外發生之災害型態

一、可能發生之災害型態

意外事件發生時有可能是燃燒，有可能是爆炸，也有可能是毒氣，每種災害的型態不同，影響亦不同。

災害型態大致可分為八種。

1. 火池(Pool fire)

此指易燃性物質的燃燒型態。

2. 氣雲爆炸(Gas cloud explosion)

指易燃性氣體或易燃性液體的蒸氣所形成之氣雲，經點燃後發生爆炸的情形。

3. 快速洩漏之氣雲爆炸(Gas cloud explosion instant release)

此類型態是指氣雲爆炸，而氣雲的形成是因瞬間大量洩漏所造成。

4. 持續洩漏之氣雲爆炸(Gas cloud explosion continuous release)

此類型態是指氣雲爆炸，氣雲的形成是因持續的洩漏所造成者。

5. 過熱狀況下之爆炸(Bleve)

此類型專門指易燃性氣體在壓縮容器中因為過熱而造成的爆炸。

6. 著火燃燒(Fire)

此係指一般之燃燒狀況。

7. 爆炸(Explosion)

此係指爆炸物所發生之爆炸。

8. 毒性氣雲(Toxic gas cloud)

指毒性氣體形成的氣雲。

二、災害類別對危害性物質之關係

危害性物質，其所可能發生之災害型態與危害性分類有一定的關係。例如易燃性液體依其蒸氣壓的高低可能發生火池燃燒及氣雲爆炸兩種災害型態，而爆炸則有可能因易燃性物質所形成之氣雲或爆炸物而發生。表 9.20 為各種危害性物質和災害型態之關係。

表 9.20 災害類別對危害性物質之關係

危害物類別	編號	危害物分類	災害類別
易燃性	1	易燃性液體	火池燃燒
			氣雲爆炸
	2	壓縮液化之易燃性氣體	過熱狀況下之爆炸
			快速洩漏之氣雲爆炸
			持續洩漏之氣雲爆炸
	3	冷卻液化之易燃性氣體	火池燃燒
	4	易燃性壓縮氣體	著火燃燒
爆炸性	5	爆炸物	爆炸
毒性	6	毒性液體	毒性氣雲
	7	壓縮液體化之毒性氣體	毒性氣雲
	8	冷卻液化之毒性氣體	毒性氣雲
	9	加壓之毒性氣體	毒性氣雲
	10	毒性粉末	毒性氣雲
	11	毒性易燃物	毒性氣雲

9.8 製程危害風險評估

9.8.1 風險評估概論

風險是意外發生的機率與後果的組合，也就是危害對於安全的比例。風險評估則是評估一個危險程度的系統化方法，其目的在於事先發現製程中的危害、頻率、影響三者組合的危險程度，研擬改善措施，以降低危害程度。

風險評估係藉由危害辨識、頻率分析、影響分析及風險分析等單元串聯而成，由確認危害源、分析各危害事件發生頻率及意外所造成之後果，並估算風險程度，最後再將分析結果與客觀之標準比較，以評估其風險值是否在可接受之範圍內，若無法降低風險，即應停止生產或改變計畫，其流程如圖 9.6 所示。

9.8.2 化學製程量化風險分析

圖 9.7 為化學製程量化風險分析(Chemical Process Quantitative Risk Analysis, CPQRA)之流程及架構，計分 11 個步驟，條列如下：

1. 化學製程量化風險分析(CPQRA)範疇。
2. 系統描述（製程說明）。
3. 危害辨識。
4. 事件列舉。
5. 選擇分析事件。
6. 建立化學製程量化風險分析模式。
7. 潛在危害頻率估計。
8. 潛在危害後果估計。
9. 風險分析（評估）及其應用。

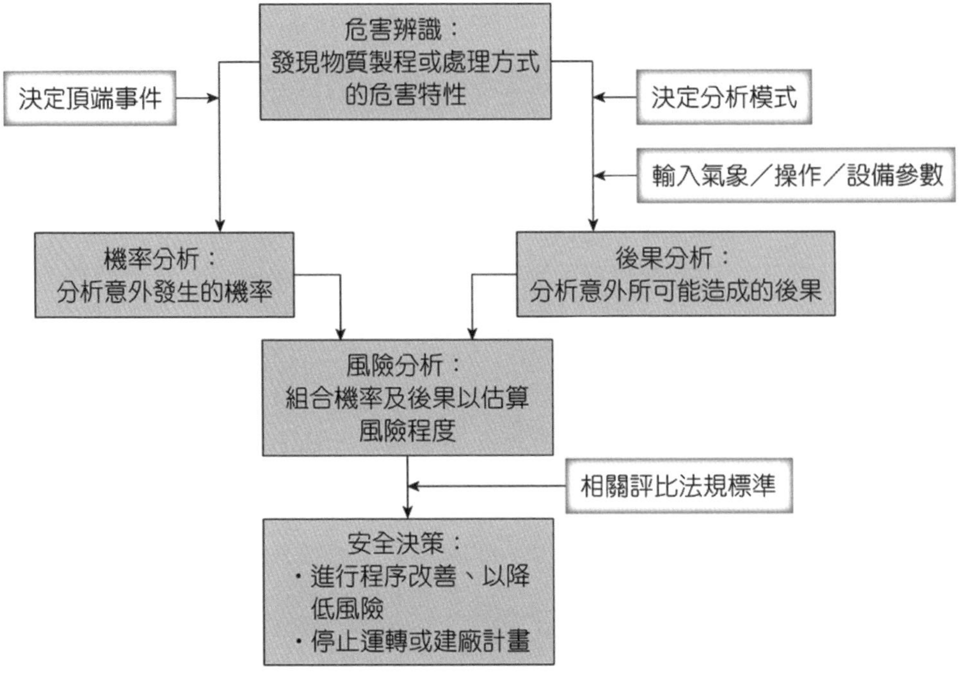
危害辨識：
發現物質製程或處理方式
的危害特性
決定頂端事件
決定分析模式
輸入氣象／操作／設備參數
機率分析：
分析意外發生的機率
後果分析：
分析意外所可能造成的後果
風險分析：
組合機率及後果以估算
風險程度
相關評比法規標準
安全決策：
・進行程序改善、以降
低風險
・停止運轉或建廠計畫

▲圖 9.6　風險評估的步驟

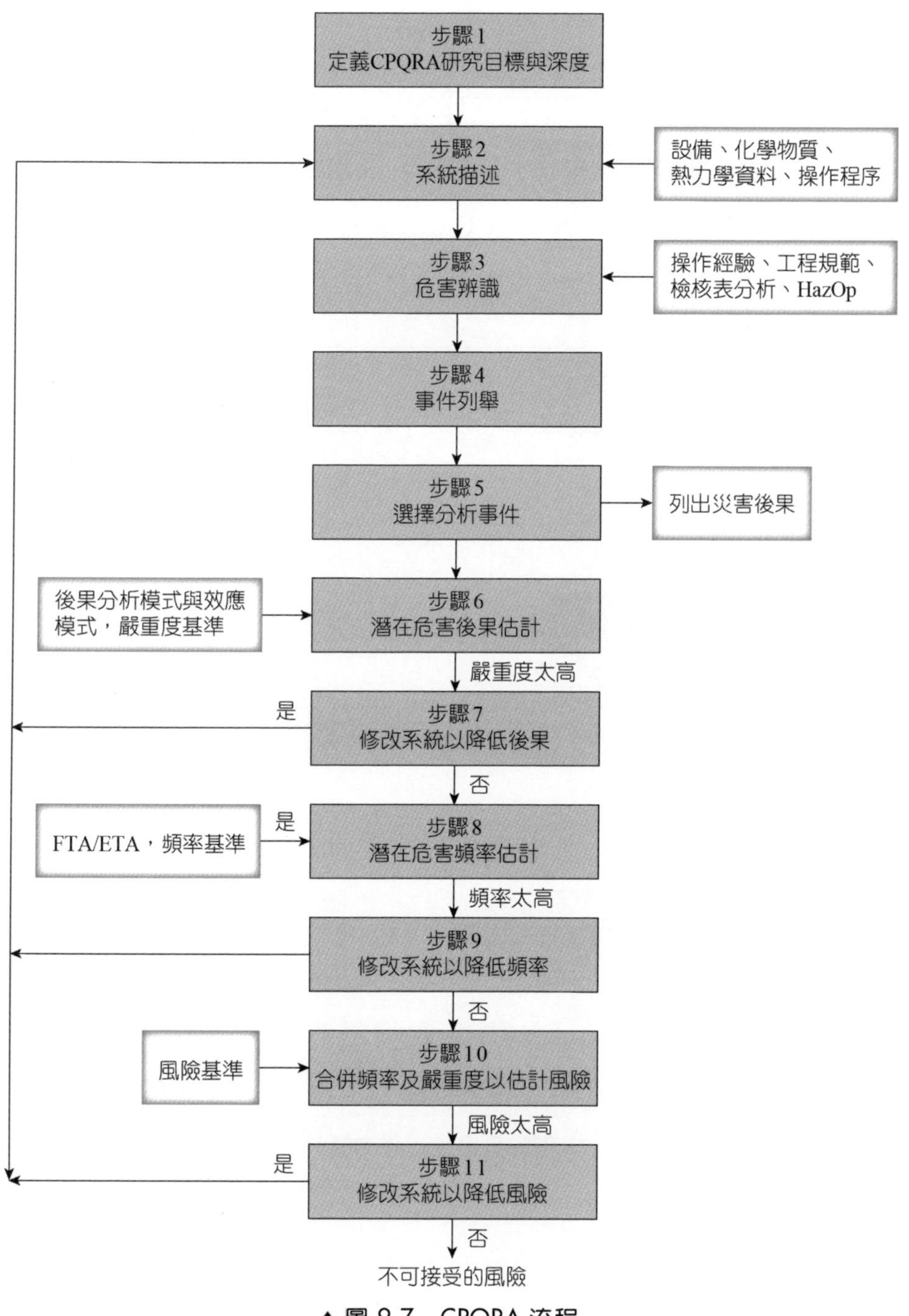

步驟1
定義CPQRA研究目標與深度
步驟2
系統描述
設備、化學物質、
熱力學資料、操作程序
步驟3
危害辨識
操作經驗、工程規範、
檢核表分析、HazOp
步驟4
事件列舉
步驟5
選擇分析事件
列出災害後果
後果分析模式與效應
模式，嚴重度基準
步驟6
潛在危害後果估計
嚴重度太高
是
步驟7
修改系統以降低後果
否
FTA/ETA，頻率基準
是
步驟8
潛在危害頻率估計
頻率太高
步驟9
修改系統以降低頻率
否
風險基準
步驟10
合併頻率及嚴重度以估計風險
風險太高
是
步驟11
修改系統以降低風險
否
不可接受的風險

▲圖 9.7　CPQRA 流程

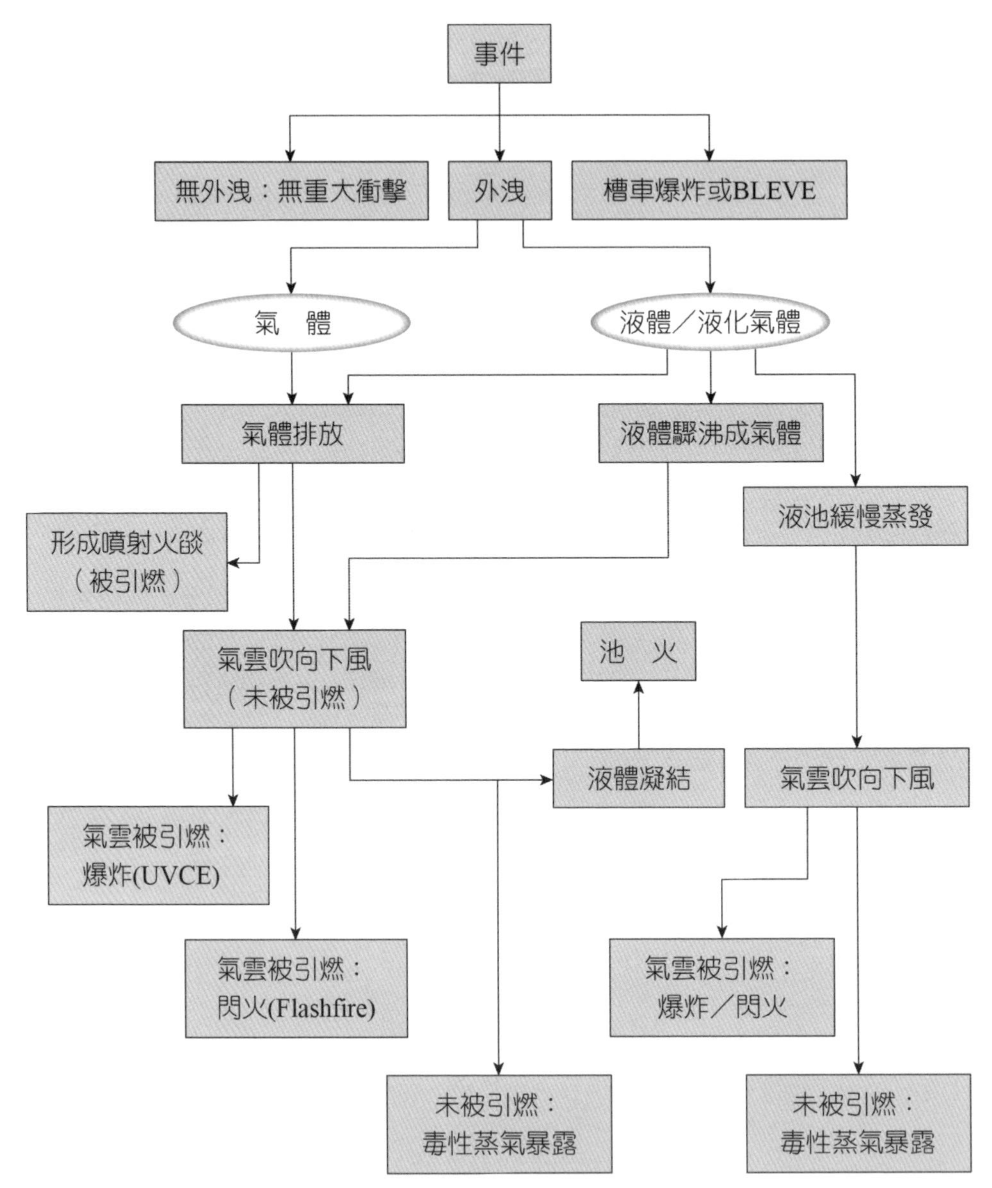

▲圖 9.8　典型的危害性化學物質外洩事件樹

一、化學製程量化風險分析範疇

CPQRA 的結果是為了了解目前的工廠或設施的潛在風險，作為改善的指標；或是用以評估新計畫的風險，作為決策參考；也是建立風險數據，作為與外界溝通（包括政府單位、民眾、保險公司等）的工具。因此，實施 CPQRA 首要事項為決定分析目標及預備相關之資料。

二、危害辨識

利用包括操作經驗、工程規範、檢核表分析、What-if 分析、危害等級法、失誤模式與影響分析或危害與可操作性分析(HazOp)等方法來進行危害辨識，找出失誤原因及失誤後果。

三、事件列舉

一個有效率的 CPQRA 管理是在經過危害辨識後，應執行以下兩個步驟即事件列舉(Enumeration)和選擇分析事件(Selection)，才進一步進行風險量化的工作。事件列舉是要確認所有的潛在危害都已被考慮，且其中不具明顯危害者及重覆考慮者將被刪除。選擇分析事件則是進一步將會產生特定事件結果(Incident Outcome)者減少至合理的數目，以利後續之研究與管理。

四、選擇分析事件

所有的化學災害皆是由於危險性物質外洩或在製程系統中釋出能量所致，圖 9.8 是危害物質外洩事件樹，包含所有因危險物外洩損失所造成的事件結果，如池火、噴射火燄、BLEVE、UVCE 等。

分析製程化學物質外洩之擴散，需考慮的參數包括：風速、大氣穩定度、大氣溫度、濕度等。風險分析需辨識出所有參數的影響，及其導致的不同的特定事件後果並檢核其是否到達各種危害指標（如：LEL、IDLH），以分析所有的災害衍生的途徑。

五、建立化學製程量化風險分析模式

建立化學製程量化風險分析模式，所需資料包括潛在危害頻率估計、後果估算及資料庫之建立，後者包括三部分。

1. 製程工廠資料

包括化學物質資料、製程描述、各種工程設計圖件：廠區配置、PFD、P&ID 等。各種操作程序：開爐程序、緊急處理與停爐程序、歲修停爐程序、維修程序等，設備設計規格及原理，主要是作為製程危害辨識時之用。

2. 環境資料

包括工廠所在區域土地使用狀況、地形地物狀況、居民與人口分布統計、氣象資料等。

3. 機率數據

包括歷年來事件統計數據，設備可靠度統計數據或失誤率(Failure Rate)。

六、潛在危害後果估計

災害事件後果，其危害源所需擴散模式及災害類型條列如下：

1. 外洩危害源

常壓槽、壓力容器、氣體噴流、液體噴流、兩相流體外洩、驟沸、蒸發。

2. 擴散模式

自然擴散或高斯模式、重質氣體擴散模式。

3. 火災

池火(Pool Fire)、噴射火燄(Jet Fire)、火球(Fire Ball)、氣雲火災。

4. 爆炸

氣雲爆炸、物理性爆炸、沸液膨脹蒸氣爆炸。

最後再以效應模式(Effect Model)將不同的危害事件之毒性、熱危害和爆炸對人員或設備之衝擊轉換成相同的危害指標。

七、潛在危害頻率估計

主要的方法有：以事件結果演繹分析其發生原因的失誤樹分析(Fault Tree Analysis, FTA)，及以起始事件(Initiating Event)衍生出各種後果的事件樹分析(Event Tree Analysis, ETA)。此外還有共同原因失效(Common Cause Failure, CCF)和人為可靠度分析(Human Reliability Analysis, HRA)等法以補充前兩者中不足的數據。

八、後果分析

化學災害多肇因於危險性物質之外洩，或是製程系統中釋出能量；後果分析之目的即在估算災變可能影響之範圍及其嚴重性，以謀防患未然或研擬應變措施。

進行後果分析，須先分析危害源排放模式，確認危害性物質排放量、排放速度、排放方式及排放狀態，其後再將設備製程之操作條件，配合大氣擴散模式來計算其擴散範圍及濃度，毒性物質分析重點在其是否達到危害人體的濃度，而易燃或爆炸物質則須注意其燃燒／爆炸上下限及火源位置，最後則在效應模式分析中估算其對人員、財物之損害，圖 9.9 所示為後果分析之流程。

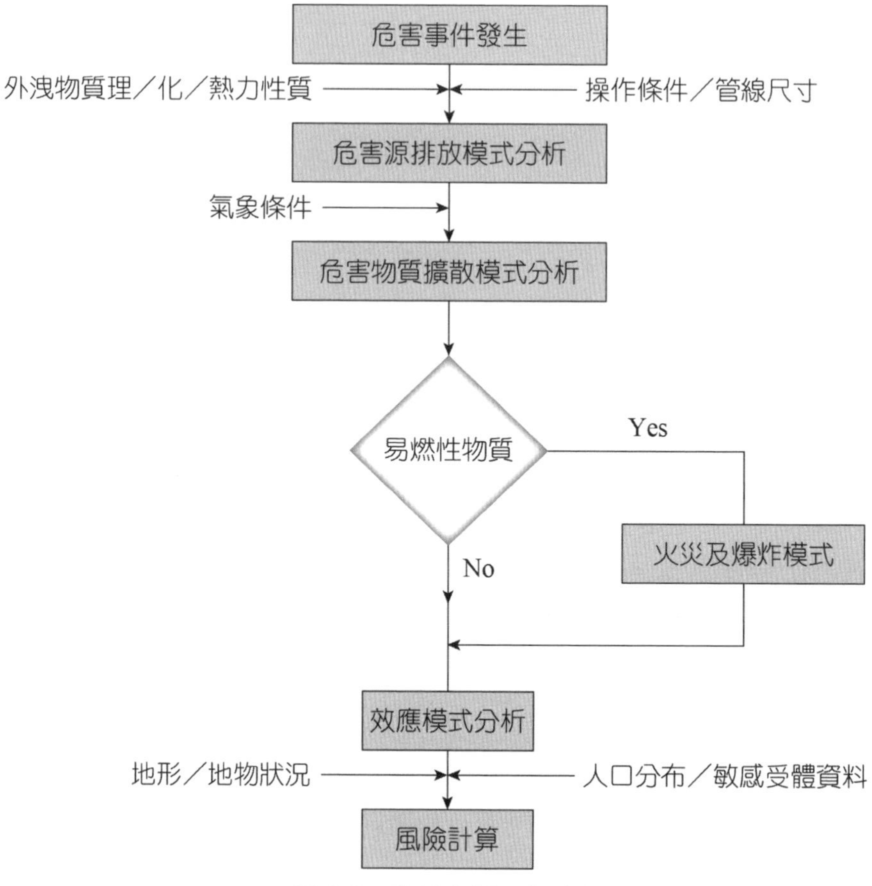

▲圖 9.9　後果分析工作流程

九、風險評估及其應用

事件發生之頻率及後果嚴重性相乘的結果即為風險，風險評估結果如在可接受的風險基準內，則可繼續進行新製程的設計和建廠，或是進行後續的修改計畫；如超過可接受的基準，則有五種處理方式：

1. 修改系統：包括變更設計、改變製程、改變操作條件、修改設備配置、加設隔離及修改操作程序、維修程序等，不過這些改善措施還需經過經濟評估，以選擇其中最可行、最有效、最便宜的方式。

2. 修正 CPQRA 的分析方式，以將其中不合理的數據去除。
3. 檢討使用端需求，風險基準要求是否合理？
4. 變更設施位置或遷廠。
5. 如前述四者皆不可行，將只有放棄新計畫或關廠停止運轉與變更公司營運策略。

習題

1. 試列舉美國職業安全衛生署(OSHA)所提製程安全管理系統之內容。
2. 試依《危險性工作場所審查暨檢查辦法》規定列舉危險性工作場所之分類。
3. 甲類工作場所所規範之危險物及有害物，有哪些為半導體業常使用之化學物質。
4. 試說明事業單位向檢查機構申請審查甲乙工作場所應填具申請書並檢附何種資料？
5. 甲類及乙類工作場所審檢資料中的事業單位安全衛生基本資料內容為何？
6. 試列表說明任何四種製程安全評估方法、優點及缺點。
7. 何謂危害、風險、平均失誤期間(MTBF)、危害與可操作性分析(HazOp)、爆轟。
8. 試說明事件樹與失誤樹的特性與相異之處。
9. 試說明失效模式影響分析(FMEA)：
   (1) 有何優點。
   (2) 有何限制。
   (3) 適用狀況。
   (4) 輸入需求。
10. 變更管理是近代工業安全管理制度中，具關鍵性的機制，請依變更管理之原則，試舉五種可能需要重新執行安全評估或風險評估的狀況。
11. 危害辨識、風險評估與風險控制是職業安全衛生管理系統如 BS8800、OHSAS18000 的重點，若某一大量使用氯氣的化學工廠，已決定就其反應製程，執行量化風險評估，請問影響該公司量化風險評估執行品質的重要因素有哪些？請列舉四種並詳加說明。

12. 製程安全評估常用的方法有 What-if、檢核表、危害與可操作性分析、失誤模式及影響分析、失誤樹分析等，而製程發展又可分為研發、基本設計、細部設計、正常運轉、擴建等階段，請針對上述評估方法及製程發展階段，選擇最適合的組合。

13. 事件樹是化工和核工界常用的風險分析技術，若一 LPG 貯槽洩漏及相關事件發生頻率如下，請製作一完整之事件樹並計算所有事故後果每年發生之頻率。

事件	發生頻率或可能性
大量洩漏	1.0
立即引燃	0.1
吹向住宅區	0.15
吹向住宅區後引燃	0.9
UVCE 而非 Flash Fire	0.5
BLEVE	0.2

註：UVCE 代表 Unconfined Vapor Cloud Explosion, BLEVE 代表 Boiling Liquid Expanding Vapor Explosion。

14. 假設某一工業區共有 40 家工廠[$N(S)=40$]分布在如圖的 A、B、C、D 四種不同的區域，A、B、C 區中有部分工廠的工安意外會以下面的關係互相影響：$N(A \cap B)=3$；$N(A \cap C)=4$；$N(A \cap B \cap C)=1$，試求以下組合狀況下之工安意外發生率(P)：

(1) P(A)、P(B)、P(C)、P(D)(Ans：0.4、0.25、0.275、0.075)

(2) P(B/A)(Ans：1875)

(3) $P(A \cup B \cup C)$(Ans：0.674)

(4) $P(A \cap B \cap C)$(Ans：0.025)

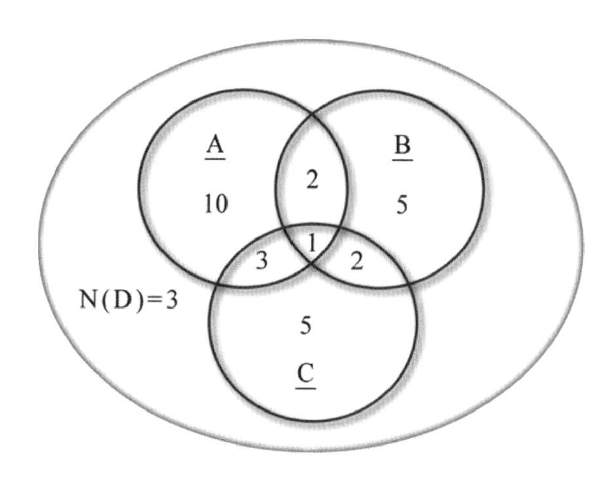

15. 假設某一年裡發生事件的機率為 p，我們以下列一種表示法來代表該年的風險 $r(P)=-\log(1-P)$；當 p 極小時；則 $r(P)$接近 p。相反的，若是 p 頗大時，則與 $r(P)$相距亦大。在這裡 $r(P)$值代表著一連續時間的危害發生率，假如在某一單位的時間內變動很小時，便極為接近 p。假如工廠 A 一年內發生毒氣外洩的機率為 90%，B 廠的意外風險為 A 廠的 2 倍，則 B 廠一年內至少發生一次事故機率為多少（假設兩廠的機率都是穩定不變的）？(Ans：0.99)
16. 試畫出風險評估之流程圖，並加以說明。
17. 請以流程圖說明化學災害的後果分析(consequence analysis)步驟。
18. 某一事件之失誤樹如下圖所示，試求其：

    (1) 最小分割集合(minimum cut sets)。

    (2) 頂端事件(top event)之發生機率。

基本事件	發生機率
B_1	0.05
B_2	0.03
B_3	0.2

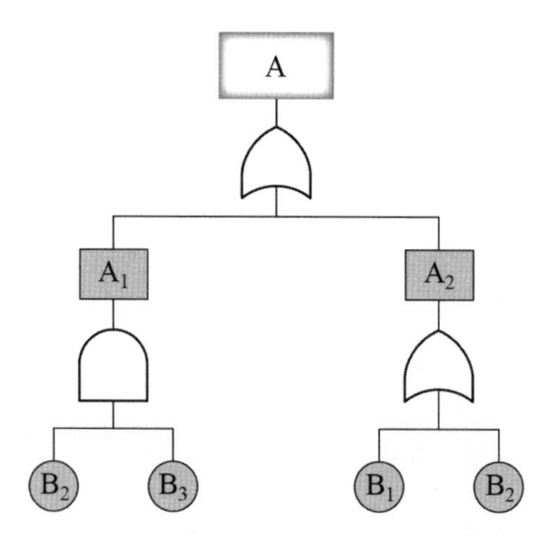

19. 試述失誤樹之定性分析及定量分析之內容。

20. 實施下圖失誤樹之定性分析：

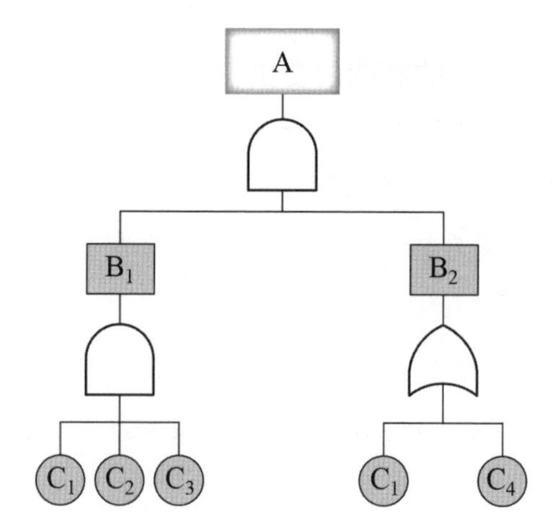

並若 $C_1=10^{-2}$，$C_2=1\times10^{-1}$，$C_3=2\times10^{-3}$，$C_4=3\times10^{-1}$，求頂端事件 A 之發生機會。

21. 求下圖 A 事件之發生機會。

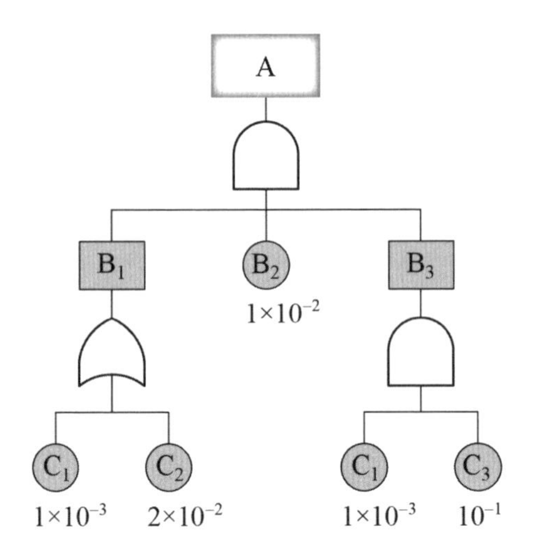

22. 試述化學製程量化風險分析之步驟(流程)。
23. 試述實施化學製程量化風險分析之目的。
24. 試述意外發生時之可能災害型態。
25. 何謂危害源擴散模式分析、危害源排放模式分析?
26. 名詞解釋:
    (1) 以時間為基準的設備失效率(Time-related Equipment Failure Rate)。
    (2) 以動作為基準的設備失效率(Demand-related Equipment Failure Rate)。
    (3) 失誤樹分析(Fault Tree Analysis)。
    (4) 排放模式(Source Model)。
27. 請問需要哪些與有害化學物質(Hazardous Chemicals)相關的安全資訊才能進行與該物質有關的製程危害分析(Process Hazards Analysis)的工作?
28. 臺灣男性勞工之平均體重為 67.35kg,標準差為 8.9kg。試求出第 5、10、50、90 及 95 百分位值(percentile)勞工之體重。

勵志小語

改變

有一隻烏鴉打算飛往東方，途中遇到一隻鴿子，雙方停在一棵樹上休息，鴿子看見烏鴉飛得很辛苦，關心地問：要飛到哪裡去？

烏鴉憤憤不平說：

其實我不想離開，可是這個地方的居民都嫌我的叫聲不好聽，所以我想飛到別的地方去，鴿子好心地告訴烏鴉，別白費力氣了！

如果你不改變你的聲音，飛到哪裡都不會受到歡迎的。

⇒ 如果你無法改變環境，
唯一的方法就是改變你自己。

⇒ 改變別人最短的途徑是改變自己。
（學習做踏出第一步而打破僵局的人）

⇒ 每一個衝突都是成長的契機，遇到問題，願意勇於面對，改變就會不知不覺的發生了，每一個想法、心情的改變都代表你成長了，得勝了。

⇒ 愚蠢的人向遠方尋求快樂，聰明的人在腳下栽種它。

在物理世界有一個無所不在的事實－改變。

如果成長是一條你想走的道路，改變就是你必須使用之交通工具，你可以選擇主動或被迫成長。

⇒你無法阻擋波濤，但你能學會衝浪。

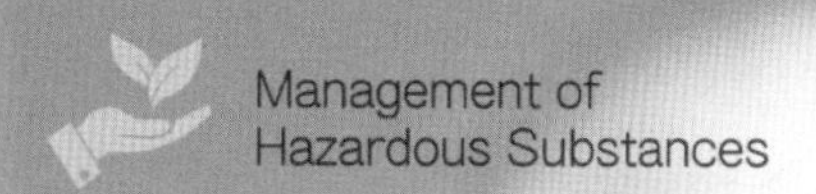

>> Appendix 附錄

110 年 3 月　職業安全衛生管理乙級技術士試題

110 年 3 月 職業安全衛生管理乙級技術士試題

一、製程安全評估

1. 製程安全評估是指？

本辦法所稱製程安全評估，指利用結構化、系統化方式，辨識、分析前條工作場所潛在危害，而採取必要預防措施之評估。本辦法所稱製程修改，指前條工作場所既有安全防護措施未能控制新潛在危害之製程化學品、技術、設備、操作程序或規模之變更。（製程安全評估定期實施辦法第 3 條）

2. 製程安全評估，應使用下列一種以上之安全評估方法，以評估及確認製程危害？

有以下項目者為是：

(1) 如果—結果分析。

(2) 檢核表。

(3) 如果—結果分析／檢核表。

(4) 危害及可操作性分析。

(5) 失誤模式及影響分析。

(6) 故障樹分析。

(7) 其他經中央主管機關認可具有同等功能之安全評估方法。

（製程安全評估定期實施辦法第 5 條）

3. 事業單位應於第六條所定製程安全評估之五年期間屆滿日之______日前，或製程修改日之______前，填具製程安全評估報備書？

答

30 日、30 日（製程安全評估定期實施辦法第 8 條）

4. 製程安全評估報告書檢附資料有哪些？

答

(1) 工作場所流程圖。

(2) 製程設計規範。

(3) 機械設備規格明細。

(4) 製程操作手冊。

(5) 維修保養制度。

5. 製程安全評估，應有哪些安全評估方法，以評估及確認製程危害？（中英文名稱對照）

答

CHECKLIST ANALYSIS 檢核表分析

FAULT TREE ANALYSIS 失誤樹分析

EVENT TREE ANALYSIS 事件樹分析

6. 失誤樹與事件樹的定義為何？

(1) 失誤樹分析(FAULT TREE ANALYSIS)：是由上往下的演繹式失效分析法，利用布林邏輯組合低階事件，分析系統中不希望出現的狀態。

(2) 事件樹分析(EVENT TREE ANALYSIS)：是一種前向，自下而上的邏輯建模技術，用於通過單個啟動事件探索響應成功和失敗，並為評估結果概率和整體系統分析奠定基礎。

7. 請將失誤樹分析、檢核表分析、事件樹分析與相對應解釋連連看：

(A) 是一種前向，自下而上的邏輯建模技術，用於通過單個動事件探索響應成功和失敗，並為評估結果概率和整體系分析奠定基礎。

(B) 是由上往下的演繹式失效分析法，利用布林邏輯組合低階事件，分析系統中不希望出現的狀態。

(C) 是由分析人員列出一些項目，再辨識與一般製程設備和操作有關的已知類型的危害、設計缺陷以及潛在危害，其所列項目差別很大，而且通常用於檢查各種規範和標準的執行情況。

(1) Checklist Analysis（檢核表分析）

(2) Fault Tree Analysis（失誤樹分析）

(3) Event Tree Analysis（事件樹分析）

(A)連(3)、(B)連(2)、(C)連(1)

8. 布林代數對應之規則為何？

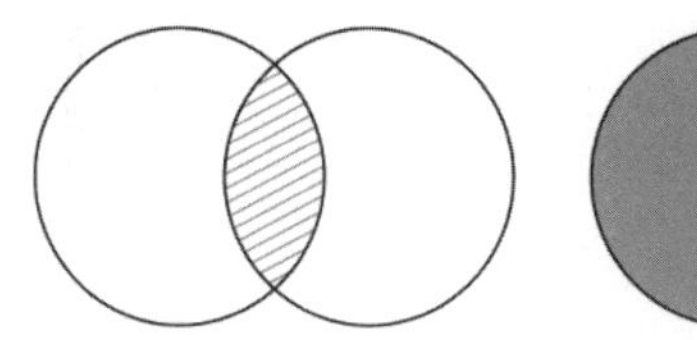
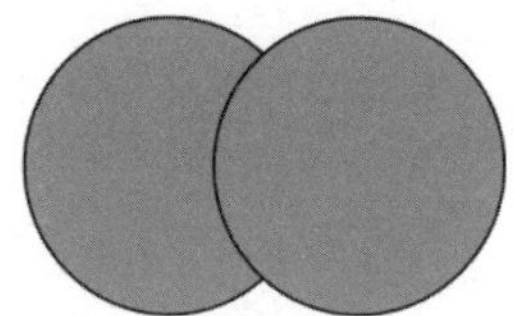

A×B（同時發生，交集）、A+B（A 集 B 任一發生，聯集）

9. 丙類危險性工作場所是指蒸汽鍋爐之傳熱面積在多少平方公尺以上，或高壓氣體類壓力容器一日之冷凍能力在多少公噸以上？丁類危險性工作場所是指建築物高度在多少公尺以上、隧道長度在多少公尺以上及開挖深度達多少公尺以上之營造工程？

丙類：指蒸汽鍋爐之傳熱面積在五百平方公尺以上，或高壓氣體類壓力容器一日之冷凍能力在一百五十公噸以上、或處理能力符合下列規定之一者：

① 一千立方公尺以上之氧氣、有毒性及可燃性高壓氣體。

② 五千立方公尺以上之前款以外之高壓氣體。

丁類：指下列之營造工程：

① 建築物高度在八十公尺以上之建築工程。

② 單跨橋梁之橋墩跨距在七十五公尺以上、或多跨橋梁之橋墩跨距在五十公尺以上之橋梁工程。

③ 採用壓氣施工作業之工程。

④ 長度一千公尺以上或需開挖十五公尺以上豎坑之隧道工程。

⑤ 開挖深度達十八公尺以上，且開挖面積達五百平方公尺以上之工程。

⑥ 工程中模板支撐高度七公尺以上，且面積達三百三十平方公尺以上者。

（危險性工作場所審查及檢查辦法第 2 條）

10. 危險性工作場所既有安全防護措施，未能控制新潛在危害之製程化學品、技術、設備、操作程序或規模之變更，稱為何者？

製程修改（製程安全評估定期實施辦法第 3 條）

11. 事業單位向檢察機構申請審查哪類工作場所，應填具申請書並登錄於中央主管機關指定之資訊網站？

丁類。

12. 事業單位對經檢查機構審查合格之工作場所，應於製程修改時或至少每______年重新評估第五條檢附之資料，為必要之更新及記錄，並報請檢查機構備查？

5 年（危險性工作場所審查及檢查辦法第 8 條）

13. 製程評估乙類危險性工作場所審查要有什麼文件形式？

以下相關資料各三份：

(1) 安全衛生管理基本資料。

(2) 製程安全評估報告書。

(3) 製程修改安全計畫。

(4) 緊急應變計畫。

(5) 稽核管理計畫。

14. 液化石油氣是指合幾個碳之碳氫化合物為主要成分之碳氫化合物？

丙烷 C_3H_8：3 個碳、丁烷 C_4H_{10}：4 個碳

15. 請依勞動檢查法及勞動基準法回答下列問題：

(1) 事業單位對前項檢查結果，應於違規場所顯明易見處公告______日以上？

(2) 勞動檢查員為執行檢查職務，得隨時進入事業單位，雇主、雇主代理人、勞工及其他有關人員均不得無故拒絕、規避或妨礙。事業單位或行為人如果拒絕，處新臺幣______萬元以上______萬元以下罰鍰？

(1)7 日、(2)3 萬、15 萬（勞動檢查法第 25 條）

16. 平均工資是指計算事由發生之當日前幾個月內，所得工資總額除以該期間之總日數所得之金額？

6 個月。

17. 雇主延長勞工之工作時間連同正常工作時間，一日不得超過______小時；延長之工作時間，一個月不得超過______小時？

12、46 小時（勞動基準法第 32 條）

18. 雇主置備勞工名卡，應保管至勞工離職後幾年？

5 年。

19. 勞動檢查員進入事業單位進行檢查時，應主動出示勞動檢查證，其檢查證，由何者製發之？

勞動檢查證，由中央主管機關製發之。（勞動檢查法第 22 條）

20. 事業單位對辦理職業災害檢查、鑑定、分析之檢查結果，應於違規場所顯明易見處公告七日以上，並公告於何處？

勞動檢查法施行細則第 23 條（公告時間及場所）

(1) 事業單位管制勞工出勤之場所。

(2) 餐廳、宿舍及各作業場所之公告場所。

(3) 與工會或勞工代表協商同意之場所。

(4) 以違反規定單項內容公告者，應公告於違反規定之機具、設備或場所。

21. 哪些有害物質作業場所發生職災，視為法規所列重大職業災害（選 5 項）？選項：笑氣、一氧化碳、氮、氯、甲烷、氯乙烯、硫化氫、二氧化硫、正乙烷

重大有害物質作業職災（勞動檢查法施行細則第 31 條）

本法第二十七條所稱重大職業災害，係指左列職業災害之一：

(1) 發生死亡災害者。

(2) 發生災害之罹災人數在三人以上者。

(3) 氨、氯、氟化氫、光氣、硫化氫、二氧化硫等化學物質之洩漏，發生一人以上罹災勞工需住院治療者。

22. 勞工遇職業傷害或職業病死亡，雇主應給予家屬幾個月死亡補償？

喪葬費：五個月平均工資、應於死亡後 3 日內給付（勞動基準法施行細則第 33 條）

死亡補償：四十個月平均工資、應於死亡後 15 日內給付（勞動基準法施行細則第 33 條）

二、危害性化學品標示及通識規則

1. 危險物、有害物定義分別為何？

(1) 危險物：符合國家標準 CNS15030 分類，具有物理性危害者。

(2) 有害物：符合國家標準 CNS15030 分類，具有健康危害者。

（危害性化學品標示及通識規則第 2 條）

2. 雇主對裝有危害性化學品之容器，應明顯標示哪些內容？容器之容積在______毫升以下者，得僅標示名稱、危害圖式及警示語。

1. (1) 危害圖式。
   (2) 內容：
   ① 名稱。
   ② 危害成分。
   ③ 警示語。
   ④ 危害警告訊息。
   ⑤ 危害防範措施。
   ⑥ 製造者、輸入者或供應者之名稱、地址及電話。

2. 100 毫升。

3. 製造者、輸入者、供應者或雇主，應依實際狀況檢討安全資料表內容之正確性，適時更新，並至少每______年檢討一次。前項安全資料表更新之內容、日期、版次等更新紀錄，應保存______年？如何標示？

3 年、3 年（危害性化學品標示及通識規則第 15 條）、45 度角之正方形。

4. 安全資料表應列內容項目有哪些？

安全資料表內容：

(1) 化學品與廠商資料
(2) 危害辨識資料
(3) 成分辨識資料
(4) 急救措施
(5) 滅火措施
(6) 洩漏處理方法
(7) 安全處置與儲存方法
(8) 暴露預防措施
(9) 物理及化學性質
(10) 安定性及反應性
(11) 毒性資料
(12) 生態資料
(13) 廢棄處置方法
(14) 運送資料

(15) 法規資料

(16) 其他資料

三、火災爆炸之防止

1. 解釋名詞。

閃火點：使揮發性物質在空氣中能蒸發形成可燃混合物的最低溫度適用於評估液體燃料的特性及危險性。遇火會閃火，但不會繼續燃燒。

著火點：燃料開放式火源點火後，能持續至少燒的溫度，與閃火點不同處在於「持續至少 5 秒鐘燃燒」，同一物質發火點一般而言比閃火點高約 10°C。遇火會閃火，但會繼續燃燒。

閃燃：係指室內起火後，火勢逐漸擴大過程中，因燃燒所生之可燃性氣體，蓄積於天花板附近，此種氣體與空氣混合，正好進入燃燒範圍且達燃點之際，一舉引火形成巨大之火苗，使室內頓時成為火海之狀態。

著火溫度：使物質在溫常壓中能自動地蒸發形成可燃混合物的最低溫度，不必有外來熱源（火焰或火花），一旦點燃後，即能持續燃燒。此最低溫度，需有足夠的能量克服燃燒反應所需的活化能。一般而言，當空間氧氣的分壓增加時，此最低溫度將降低，所以更危險。

2. 滅火種類有哪些？什麼滅火方式最經濟？

火災類別	燃燒性質	滅火方法	滅火種類
A	普通火災	隔離法	水（最經濟）
B	油類火災	窒息法	泡沫
C	電器火災	冷卻法	二氧化碳
D	金屬火災	抑制法（中斷連鎖）	特殊化學乾粉

3. 火災或爆炸之危險性中，越大越危險及越小越危險者各為何？

越大越危險者：

燃燒範圍（爆炸範圍）、蒸氣壓、燃燒速度、燃燒熱、火焰傳播速度等。

越小越危險者：

燃燒下限（爆炸下限）值、閃火點、沸點、比熱、最小著火能量、導電性。

4. 請填出五個防爆設備英文代碼。

耐壓防爆(D)

安全增強防爆(E)

內壓防爆(P)

本質安全防爆(I)

油入防爆(O)

充填防爆(Q)

模注耐壓防爆(M)

特殊防爆(S)

四、通風與換氣

1. 下列各情境，何者可使用(A)整體換氣即可，何者應使用(B)局部排氣？
   (1) 工作場所的區域大，不是隔離的空間。
   (2) 在一隔離的工作場所或有限的工作範圍。
   (3) 有害物的毒性高或為放射性物質。
   (4) 有害物產生量少且毒性相當低，允許其散布在作業環境空氣中。
   (5) 有害物發生源分布區域大，且不易設置氣罩時。
   (6) 有害物進入空氣中的速率快，且無規律。
   (7) 有害物進入空氣中的速率相當慢，且較有規律。
   (8) 含有害物的空氣產生量不超過通風用空氣量。
   (9) 產生大量有害物的工作場所。
   (10) 工作者與有害物發生源距離足夠遠，使得工作者暴露濃度不致超過容許濃度標準。

(1)A；(2)B；(3)B；(4)A；(5)A；(6)B；(7)A；(8)A；(9)B；(10)A。

2. 各式氣罩所對應的公式為何？

各式氣罩對應其公式：

(1) 包圍式或崗亭式：Q＝AV

(2) 外裝式或懸吊式：Q＝1.4PVH

(3) 側方外裝式無凸緣：$Vc(10x^2+A)$

(4) 側方外裝式附有凸緣：$0.75Vc(10x^2+A)$

(5) 側方外裝式設於桌上或地板上：$Vc(5x^2+A)$

(6) 側方外裝式設於桌上或地板上附有凸緣：$0.5Vc(10x^2+A)$

(7) 多狹縫型（槽溝型）：5×L×Vc

(8) 單一狹縫型：3.7×L×Vc

(9) 多狹縫型：5×L×Vc

(10) 點熱源接收式氣罩（低）：QZ＝4.84 Zg

3. 由下方測定示意圖，分別指出靜壓、動壓、全壓各是哪一個？

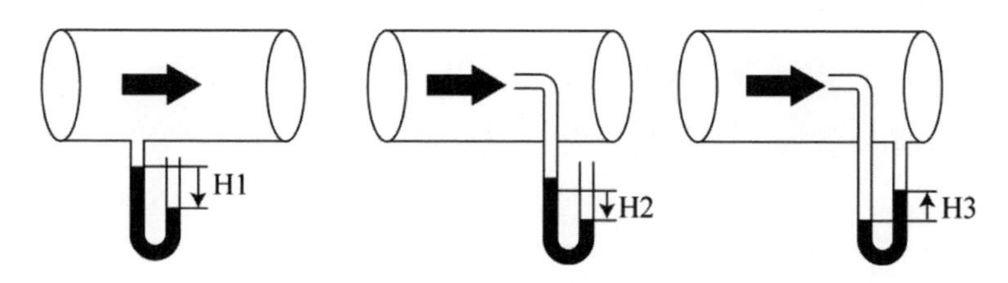

左：靜壓、中：動壓、右：全壓

五、職業安全衛生管理系統

1. ISO 45001 包括 PDCA 及系統構造為何？

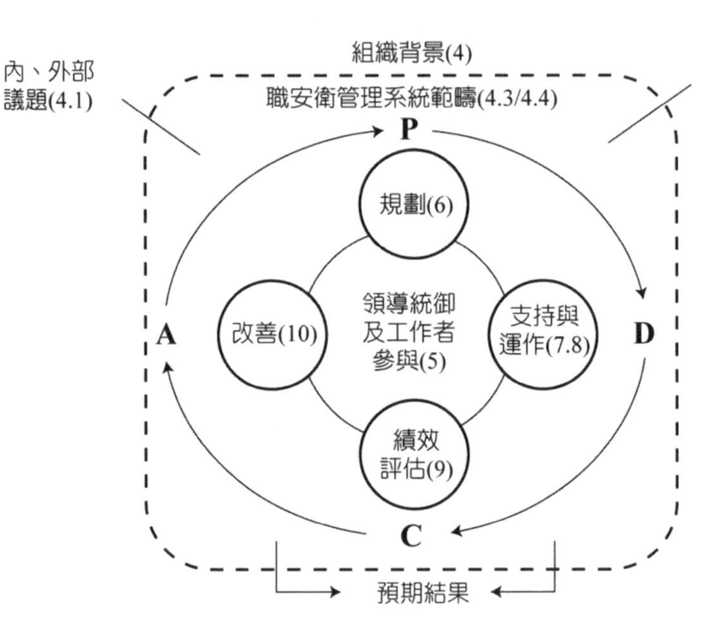

2. ISO 45001 名詞解釋：文件化資訊、監督、稽核、風險、危害、政策、績效、量測、事故、適任性。

文件化資訊：組織需要管制和維持的資訊及其媒介。

監督：決定系統、過程或活動之現況。

稽核：為獲得稽核證據並對其進行客觀的評估，以確保滿足稽核準則的程度所進行的系統的、獨立的並形成文件的過程。

風險：不確保性的影響。

危害：潛在會造成人員傷害及有礙健康之來源。

政策：由最高管理者正式表述的組織的意圖和方向。

績效：可量測的結果。

量測：確定數值的過程。

事故：因工作或在工作過程中引發的可能或已經造成了傷害和健康損害的情況。（有些人將發生了傷害和健康損害的事件稱之為「事故」）

適任性：運用知識與技能達成預期結果之能力。

3. 內外部議題有哪些？

「外部」議題如：

(1) 文化、社會、政治、法規、財務、技術、經濟、自然環境及市場競爭，不論其是否為國際、國家、區域性或地方的。
(2) 引入新競爭對手、承商、再承攬商、供應者、合作夥伴及提供者、新技術、新法令及新職業的出現。
(3) 產品之新知識及其對安全與健康的影響。
(4) 影響組織之產業或行業相關的驅動力及趨勢。
(5) 與外部利害相關者之關係，以及觀點與價值觀。
(6) 任何上述議題相關的改變。

「內部」議題如：

(1) 治理、組織架構、角色及當責。
(2) 政策、目標及其達成之策略。

(3) 依據資源、知識及適任性（如：資本、時間、人力資源、過程、系統及技術）所理解的能力。

(4) 資訊系統、資訊流通及決策過程（正式及非正式的）。

(5) 引入新的產品、物料、服務、工具、軟體、工作場所及設備。

(6) 與工作者的關係，以及觀點與價值觀。

(7) 組織文化。

(8) 組織採用之標準、指導網要及模式。

(9) 契約關係之形式及範圍，例如：外包的活動。

(10) 工作時間的安排。

(11) 工作條件。

(12) 任何上述議題相關的改變。

六、計算

(一) 通風換氣

1. 有機溶劑第一類 4%、第二類 6%，其餘第三類，問該混合氣體是第幾類？

4%+6%＝10%，所以是第二種。

(1) 第一種有機溶劑混存物：指有機溶劑混存物中，含有第一種有機溶劑占該混存物重量百分之五以上者。

(2) 第二種有機溶劑混存物：指有機溶劑混存物中，含有第二種有機溶劑或第一種有機溶劑及第二種有機溶劑之和占該混存物重量百分之五以上，而不屬於第一種有機溶劑混存物者。

2. 某彩色印刷廠使用第 2 種有機溶劑正己烷(N-HEXANE)從事作業，已知正己烷之分子量為 86，火災（爆炸）範圍為 1.1%~7.5%，8 小時日時量平均容許濃度為 50PPM，每日 8 小時的使用量為 10KG，公司裝設有整體換氣裝置做為控制設備。試回答下列問題：（請列出計算式）
   (1) 為避免發生火災爆炸之危害，其最小換氣量應為何？
   (2) 為預防勞工發生正己烷健康暴露危害，理論上之最小換氣量為何？
   (3) 承上題，法令規定之最小換氣量為何？
   (4) 若您為該公司支職業衛生管理師，請說明公司整體換氣裝置之換氣量應設為多少以上，方能避免勞工遭受火災爆炸及有機溶劑健康暴露之危害。

Q＝ 換氣量(M^3/MIN)、W＝消費量(G/HR)、LEL＝ 爆炸下限(%)、M.W.＝分子量

每小時消耗正己烷量 W 為(10KG×1000G/KG)/8HR＝1,250G/HR

(1) 為避免火災爆炸之最小換氣量，根據職業安全衛生設施規則所需之換氣量：

$Q1 = (24.45 \times 10^3 \times W) / (60 \times 0.3 \times LEL \times 10^4 \times M.W.)$

$Q1 = (24.45 \times 1000 \times 1250) / (60 \times 0.3 \times LEL \times 10^4 \times 86) = 1.80M^3/MIN$

(2) 依理論上之最小換氣量：

$Q2 = (24.45 \times 10^3 \times W) / (60 \times PPM \times M.W.)$

$Q2 = (24.45 \times 1000 \times 1250) / (60 \times 50 \times 86) = 118.36M^3/MIN$

(3) 為預防勞工引起中毒危害之最小換氣量，依有機溶劑中毒預防規則，因正己烷屬第二種有機溶劑，故每分鐘換氣量＝作業時間內一小時之

有機溶劑或其混存物之消費量×0.04，故換氣量(Q3)＝1250×0.04＝50M^3/MIN

(4) 取最大值，故公司整體換氣裝置之換氣量應設為 118.36M^3/MIN 以上。

3. 一場所給你氣積 600M^3、換氣量 200M^3/H、有害物質濃度 600PPM，問 3 小時後有害物質濃度剩多少？

$600PPM \times e^{-(200\times 3/600M3)} = 600(PPM) \times e^{-1} = 220.73\ PPM$

4. 某一鉛作業場所鉛作業人數為 60 人，均為軟焊作業，依規定鉛作業所需換氣量約為每小時多少立方公尺以上？

依《鉛中毒預防規則》第 32 條

雇主使勞工從事第二條第二項第十款規定之作業，其設置整體換氣裝置之換氣量，應為每一從事鉛作業勞工平均每分鐘 1.67 立方公尺以上。

故，一位勞工從事鉛作業每小時所需換氣量＝1.67M^3/MIN.×(60MIN./1HR.)＝100.2M^3/1HR。

60 位工人從事上述鉛作業一小時所需換氣量＝100.2M^3/1HR.×60＝6012M^3

5. 事業單位為加強排氣效果，增加排氣機轉速，使氣罩表面風速增為原來之 2.1 倍，請計算排氣機所需動力，增為原來之幾倍？（四捨五入到小數點以下一位）

$Q1/Q2 = N1/N2$，流（風）量與馬達轉速成正比。

$H1/H2 = (N1/N2)^2$，壓力（揚程）與馬達轉速二次方成正比。

$P1/P2 = (N1/N2)^3$，消耗電力（功率）與馬達轉速三次方成正比。

$$PWR1/PWR2 = (Q1/Q2)^3 = (N1/N2)^3$$

動力需求(POWER REQUIREMENT)，簡稱 PWR

設原動力需求為 PWR2，增加轉速後之原動力需求為 PWR1，原風量為 Q2，增加轉速後風量為 Q1，意即 $Q1 = 2.1Q2$，帶入排氣機定律後計算如下：

$$PWR1/PWR2 = (Q1/Q2)^3 = (2.1Q2/Q2)^3 = (2.1)^3 = 9.261 = 9.3$$

計算後得知增加排氣機轉速使風量增為原來風量之 2.1 倍後，排氣機所需動力，約增為原來動力之 9.3 倍。

6. 事業單位為加強排氣效果，增加排氣機轉速增為原來的 1.3 倍，請計算排氣機所需動力增為原來之幾倍？

詳解同上題所述，$(1.3)^3 = 2.197$ 倍。

7. 排氣機面積 1.2 平方公尺，氣罩離發生源距離 0.4 公尺，若距離變成 1.2 公尺，風量需增加幾倍才能維持原本風速？（有提供公式 $Q = V(A+10X^2)$）

$$Q = V(1.2+10\times0.4^2) = V(1.2+0.16) = 1.36V$$

$Q1 = V(1.2+10\times 1.2^2) = V(1.2+10\times 1.44) = 15.6V$

$Q1/Q = 15.6/1.36 = 11.47$ 倍

(二) 火災爆炸

1. 某可燃性氣體之組成百分比與其爆炸界限如下所示，請回下列問題：乙烷 30%，3.0%~12.4%、丙烷 30%，2.1%~10.1%、異丁烷 40%，1.8%~8.4% 危險性 H=（爆炸上限－爆炸下限）／爆炸下限。
   (1) 計算乙烷、丙烷與丁烷之爆炸危險性（指數），並依計算結果將前述三種可燃性氣體之爆炸危酸性，由低至高排列。
   (2) 計算可燃性氣體之爆炸下限及爆炸上限。

(1)

A. 乙烷(C_2H_6)

爆炸危險性（指數）＝（爆炸上限－爆炸下限）／爆炸下限

$= (12.4 - 3.0)/3.0 = 3.13$

B. 丙烷(C_3H_8)

爆炸危險性（指數）＝（爆炸上限－爆炸下限）／爆炸下限

$= (10.1 - 2.1)/2.1 = 3.81$

C. 異丁烷(C_4H_{10})

爆炸危險性（指數）＝（爆炸上限－爆炸下限）／爆炸下限

$= (8.4 - 1.8)/1.8 = 3.67$

由低至高排列乙烷<異丁烷<丙烷

(2) 爆炸上限(UEL) $= 100\%/(V_1/UEL_1)+(V_2/UEL_2)+(V_3/UEL_3)$

$= 100\%/(30/12.4)+(30/10.1)+(40/8.4) = 9.85(\%)$

爆炸下限(LEL) $= 100\%/(V_1/LEL_1)+(V_2/LEL_2)+(V_3/LEL_3)$

$= 100\%/[(30/3.0)+(30/2.1)+(40/1.8)] = 2.03(\%)$

2. A 物質占 80%，其餘是 B 物質，A 的爆炸下限是 1.5%，B 是 4.5%，混合後爆炸下限為______%。（取到小數一位）

$LEL = 100\%/(80/1.5+20/4.5) = 1.7\%$

3. 爆炸下限 1%，指針 35%，可燃性氣體濃度為多少%？（取小數點後兩位）

可燃性氣體濃度 $= 1\% \times 35\% = 0.35\%$

(三) 噪音

1. 八小時均音壓級 88 分貝，求暴露劑量為多少%？

$16.61\ LOGD + 90 = 88$

$LOGD = (88 - 90)/16.61$

$LOGD = -2/16.61$

$D = 10 - 0.1204 = 0.7579(75.79\%)$

2. 某一工廠機房有數台 150HP 馬達同時起動時，因空間不足且未有吸音防護，以至回音量大，經現場實務量測，某一勞工噪音暴露測定結果如下表，試問該勞工全程工作日之噪音暴露總劑量（答案四捨五入至小數點第 2 位），是否符合法規規定？

上午 08:00~11:00	穩定性噪音，LA＝85 dBA
上午 11:00~12:00	穩定性噪音，LA＝95 dBA
下午 13:00~15:00	變動性噪音，噪音劑量為 55%
下午 15:00~17:00	穩定性噪音，LA＝90 dBA
下午 17:00~18:00	穩定性噪音，LA＝78 dBA

D＝3/16+1/4+55%+2/8＝1.24>1。

（音量小於 80 分貝不列入計算）不符合規定。

(四) 其他

1. 燈泡 60 瓦換成 100 瓦，電阻變大變小？功率變大變小？

歐姆定律：V=IR

功率：$P = IV = V^2/R = I^2R$

P：功率　V：電壓　R：電阻

60 瓦換成 100 瓦

功率 P 變大

電壓不變

電阻 R 變小

2. 60 瓦燈泡使用 20 小時，增加______度電？

用電度數計算公式（瓦數×時間（小時））/1000

60（瓦）×20 小時/1000=1.2 度電（1 度＝1000 瓦小時）

3. 鎢絲燈泡功率電壓 110v、80w，使用 70 小時是______度電？

80×70/1000=5.6 度電

4. 勞工 437 人，該月平均工作 23 天，一天平均 8 小時，總工時為多少？領班第一週禮拜一被氫氟酸 HF 噴濺雙眼失明，第三週禮拜三出院；小明第一週禮拜一摔跤受傷，隔週三出院；阿華第二週禮拜三送貨途中擦撞，隔週三出院；領班的失能次數是多少？小明的失能次數是多少？阿華的失能次數是多少？SR、FR 各為多少？（題目要求最後一位四捨五入）

總工時：437×23×8＝80400 時

領班：永久全失能，失能一次，損失日數 6000 日

小明：暫時全失能，一次，損失日數 8 日

阿華：暫時全失能，一次，損失日數 6 日

SR＝(1+1+1)×100000/80400＝37.31

FR＝(6000+8+6)×1000000/80400＝74800

5. 公司 4 月份失能傷害頻率為 5，工時 200,000 小時；5 月份失能傷害頻率為 12，工時 250,000 小時；6 月份失能傷害頻率為 5.71，工時 350,000 小時，請回答下列問題：
   (1) 4 月份失能傷害次數為多少次？
   (2) 5 月份失能傷害次數為多少次？
   (3) 6 月份失能傷害次數為多少次？
   (4) 3 個月的平均失能傷害頻率為多少？（計算到小數後 2 位）

(1) $5 = Y \times 1000000/200000$ $Y = 1$

(2) $12 = Z \times 1000000/250000$ $Z = 3$

(3) $5.71 = R \times 1000000/350000$ $R = 2$

(4) $SR = (1+3+2) \times 1000000/(200000+250000+350000) = 7.50$

Management of
Hazardous Substances

Management of
Hazardous Substances

Management of
Hazardous Substances

Management of
Hazardous Substances

Management of
Hazardous Substances

Management of
Hazardous Substances

Management of
Hazardous Substances

國家圖書館出版品預行編目資料

危害物質管理／陳淨修編著.－六版.－新北市：新文京開發出版股份有限公司，2022.04
面； 公分

ISBN 978-986-430-820-0（平裝）

1.CST:工業安全 2.CST:化工毒物

555.56 111003705

危害物質管理（第六版） （書號：**B119e6**）

作　　者	陳淨修
出 版 者	新文京開發出版股份有限公司
地　　址	新北市中和區中山路二段 362 號 9 樓
電　　話	(02) 2244-8188（代表號）
F A X	(02) 2244-8189
郵　　撥	1958730-2
四　　版	西元 2011 年 01 月 01 日
五　　版	西元 2015 年 08 月 01 日
六　　版	西元 2022 年 04 月 20 日

建議售價：520 元

法律顧問：蕭雄淋律師

ISBN 978-986-430-820-0

New Wun Ching Developmental Publishing Co., Ltd.
New Age · New Choice · The Best Selected Educational Publications — NEW WCDP